Robotic
Vision
Guidance
Theory
and
Technology

机器人视觉导引
理论与技术

李安虎
刘兴盛
邓兆军　

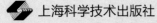
上海科学技术出版社

图书在版编目（ＣＩＰ）数据

机器人视觉导引理论与技术 ／ 李安虎，刘兴盛，邓
兆军著. -- 上海 ：上海科学技术出版社，2024.5
ISBN 978-7-5478-6623-8

Ⅰ．①机… Ⅱ．①李… ②刘… ③邓… Ⅲ．①机器人
视觉－研究 Ⅳ．①TP242.6

中国国家版本馆CIP数据核字(2024)第086837号

机器人视觉导引理论与技术

李安虎　刘兴盛　邓兆军　著

责任编辑：沈　甜　楼玲玲

上海世纪出版(集团)有限公司
上海科学技术出版社　出版、发行
(上海市闵行区号景路 159 弄 A 座 9F-10F)
邮政编码 201101　www.sstp.cn
上海光扬印务有限公司印刷
开本 710×1000　1/16　印张 12.75　插页 6
字数：210 千字
2024 年 5 月第 1 版　2024 年 5 月第 1 次印刷
ISBN 978-7-5478-6623-8/TP·90
定价：100.00 元

内容提要

　　随着机器人技术及其应用场景的拓展,通过视觉系统提升机器人环境感知与自主作业能力的需求愈发迫切,已成为机器人领域的前沿问题。本书是作者多年来在机器人测控及视觉感知领域的研究积累,重点阐述机器人视觉导引方面的核心理论与关键技术,包括系统参数标定、三维信息重建、目标位姿估计、跟踪控制策略、多传感器融合等,并给出针对不同应用场景的解决方案和实施案例,旨在为机器人视觉导引研究及应用提供理论指导与技术支撑。

　　本书可作为机器人感知、视觉导引、视觉跟踪和位姿测量等领域的技术人员和科研工作者的参考用书以及智能制造、人工智能等相关方向的专业教材。

序

随着人工智能技术不断演进，采用机器人辅助甚至替代人类执行繁杂、重复或危险的作业任务已是当前重要的发展趋势，而视觉导引技术可以作为机器人实现环境感知与自主作业的前提和基础。事实上，如何构建适应不同应用场景的视觉感知路线和决策控制策略，已经成为机器人领域的前沿问题，国内外也已围绕机器人视觉导引的基础理论和关键技术展开了不少研究。

李安虎教授团队多年来致力于机器人视觉感知技术的研究及应用，得到了国家重点研发计划课题、国家自然科学基金项目、国际合作项目等支持，在系统参数标定、三维信息重建、目标位姿估计、跟踪控制策略、多传感器融合等方面均已取得代表性的研究成果。在多年研究积累的基础上，作者整理形成了这本介绍机器人视觉导引理论与技术的专著。书中不仅介绍了机器人视觉导引的基础理论，构建了机器人视觉成像系统的标定方法和跟踪控制策略，而且阐述了采用单目视觉、双目视觉以及多传感器融合实现视觉导引的关键技术，同时还展示了机器人视觉导引技术的典型应用案例。

本书汇集了作者长期以来的学术见解和研究成果，具有较高的学术水平和实用价值。这本系统性专著的出版，一方面对于促进机器人视觉导引技术的持续发展具有重要的作用，另一方面也有助于推动机器人视觉导引技术在智能制造、物流运输、生物医学、国防军事等领域的拓展应用。

　　总体而言,本书结构安排合理、内容理实结合、行文深浅相宜,可为机器人感知、视觉导引、视觉跟踪和位姿测量等方向的研究提供参考和借鉴,对于高等院校的智能制造、人工智能等专业的学习也有重要的指导意义。

　　我相信本书的出版将会有力推动机器人视觉导引技术的发展和应用,也会吸引更多的人参与到机器人领域的研究探索,促进机器人视觉研究水平的提升。

　　在本书即将出版之际,谨向李安虎教授致以衷心的祝贺。

中国工程院院士　庄松林

2024 年 4 月 30 日

前　言

　　机器人视觉导引是利用视觉成像系统赋予机器环境感知能力、辅助机器决策控制过程、提升机器自主作业性能的关键技术,涉及计算机视觉、机器人控制、数字图像处理、模式识别及人工智能等诸多学科。相较于传统的示教手段或光电导引技术,机器人视觉导引具有环境适应性强、导引信息容量大、导引作业精度高、技术应用成本低等优势,受到国内外学者的广泛关注和深入研究,在军事侦察、武器装备、智能制造、交通运输、医学诊疗等重要领域具有广阔的应用前景,已经成为机器人自主智能控制的重要分支。

　　机器人视觉导引理论研究的难点在于视觉导引系统在实时性、适应性、鲁棒性和视野范围、导引精度等方面存在的挑战。国内外均已围绕这些技术难点展开探索,但是不同视觉导引原理或体制之间存在显著差异,同类视觉导引技术的性能指标之间也存在相互制约甚至相互对立的关系,必须从理论层面综合分析机器人视觉导引技术的原理和性能,为实际应用场景下机器人视觉导引系统的实施与优化提供依据。本书在总结常见机器人导引技术的基础上,全面梳理了机器人视觉导引技术的研究现状和发展特点,系统介绍了机器人视觉导引的基本理论与关键技术,深入阐述了机器人视觉系统的内外参数联合标定技术。本书还详细介绍了基于单目视觉和双目视觉的机器人导引定位技术,形成了多元化的机器人视觉跟踪导引算法和控制策略,可为相关应用提供基础性支撑。

　　机器人视觉导引技术应用方面,目前研究工作主要集中在工业领域的零部件加工检测、物流领域的产品分拣码垛以及医学领域的辅助诊断和术中辅助等任务,其在国防军事和武器装备领域的应用价值也愈发受到关注和重视,如美国洛克希德·马丁公司采用机器人视觉导引技术解决"宙斯盾"武器系统装配问题,美国国防高级研究计划局(DARPA)资助开发面向无人地面车辆侦察的视觉识别导引系统、面向失效卫星捕获救援的空间机器人视觉导引控制技术等。本书围绕机器人视觉导引技术的关键问题,深入阐述了系统参数标定、三维信息重建、目标位姿估计、跟踪控制策略、多传感器融合等方法,对多类机器人视觉导引技术的可行性进行了大量计算仿真和实验验证。本书还给出了针对不同应用场景的机器人视觉导引解决方案和实施案例,可为机器人视觉导引技术的开发及拓展应用提供重要的参考和指导作用。

作者多年来一直潜心于光电成像感知与机器人跟踪导引领域的研究,取得了许多重要研究成果,尤其建立了单相机变视轴三维成像模型与多参数联合标定方法,形成了基于单目视觉位姿估计和双目视觉点云获取的机器人导引控制策略,可为复杂环境下机器人视觉导引应用提供极具潜力的技术途径。目前国内外已有机器人视觉专著主要侧重于机器人视觉控制或视觉测量领域,鲜有机器人视觉导引理论、技术和方法的系统性、全面性论述。作者在吸收国内外相关理论成果和应用实例的基础上,结合自身多年来的研究成果撰写了这部介绍机器人视觉导引的专著,展示了机器人视觉导引领域的基础性理论和代表性方法。

本书首先介绍了现有的机器人视觉导引技术,结合国内外研究现状分析了机器人视觉导引的关键问题,然后从基础理论、关键技术、实验验证三个层次分别展开论述,介绍了机器人视觉导引的系统成像模型、视觉测量理论和机器人运动学理论,阐述了立体视觉三维信息重建方法和机器人运动仿真分析方法;梳理了相机内部参数标定方法、多相机外部参数标定方法以及机器人手眼关系标定方法,建立了单相机变视轴三维视觉系统的数学成像模型和参数标定方法;分析了机器人单目视觉和双目视觉导引的技术特点,重点阐明了多视角图像配准、三维点云获取、目标位姿估计等关键问题,形成了复杂环境下机器人动态目标跟踪算法与导引控制策略;总结了采用不同多传感器融合方案的机器人视觉导引技术,给出了针对不同场景的机器人视觉导引应用案例。

本书的主要贡献体现在理论和技术两个层面:

(1) 在理论层面,系统介绍了机器人视觉导引的理论基础。从机器人视觉导引系统的数学模型出发,阐明了三维视觉测量原理与机器人运动学理论,揭示了机器人视觉导引系统内外参数标定原理,构建了单相机变视轴三维成像模型及其标定方法,形成了基于视觉位姿估计反馈的机器人视觉导引机制和跟踪控制策略,拓展了机器人视觉导引理论的研究范畴,为其后续应用奠定了基础。

(2) 在技术层面,深入阐述了机器人视觉导引的关键技术。在机器人视觉导引技术及其实现方法方面做了详细的计算推导和具体的实验验证,围绕单目视觉位姿估计、双目视觉三维重建、动态目标跟踪导引、多传感器融合感知等核心技术难题展开了论述。本书还给出了针对实际应用场景的机器人视觉导引技术方案和实施方法,为后续的技术优化和应用拓展提供了支撑。

全书共分为8章。第1章围绕机器人导引技术进行概述,介绍了常见的机器人导引技术及国内外研究现状。第2章介绍了机器人视觉导引理论模型以及三维视觉测量和机器人运动学等基础理论。第3章介绍了机器人视觉系统内外参数标定的关键技术。第4章介绍了基于单目视觉的空间目标位姿估计方法。第5章介绍了基于双目视觉的三维点云位姿求解方法和机器人导引方法。第6章介绍了机器人视觉导引伺服控制的主要算法和实现策略。第7章介绍了基于多传感器信息融合方案的机器人视觉导引技术。第8章介绍了机器人视觉导引技术在不同典型场景下的应用案例。

本书的工作得到了国家自然科学基金项目、上海市“科技创新行动计划"国际合作项目等支持。在本书的撰写过程中,李新东、陈昊等同学付出了辛勤劳动,感谢罗文杰、蒋欣怡、孟天晨、万亚明等同学的工作。本书摘引了作者团队近年来公开发表的研究论文,部分章节摘引了作者指导的几位硕士研究生张洋、李乔、龚炜、赵祖生等人的学位论文,在此一并致以感谢。

　　本书可为机器人感知、视觉导引、视觉跟踪和位姿测量等领域的技术人员和科研工作者提供参考,也可作为高等院校智能制造、人工智能等相关专业高年级学生的机器人课程专业教材使用。

　　由于作者学识有限,书中难免存在纰漏及不足之处,殷切期盼广大读者批评指正。

作　者

2024 年 3 月

目 录

第 5 章 基于双目视觉的机器人导引技术 ·· 111

第 *8* 章　应用案例

彩色插图

第 *1* 章

绪　　论

机器人导引技术属于机械、控制、图像处理、模式识别及人工智能等学科的交叉领域,是提升机器环境感知能力和自主作业性能的关键途径。本章首先概述机器人导引技术的发展特点和应用场景,随后介绍机器人电磁导引技术、激光导引技术以及视觉导引技术等方面的研究方向,梳理国内外针对三维视觉测量、机器人运动学、视觉伺服控制、系统参数标定等关键技术的研究现状,最后结合实际应用分析机器人视觉导引技术面临的主要挑战。

1.1 机器人导引技术概述

在人工智能与信息技术带来产业变革的背景下,机器人作为替代人类执行作业任务的物理载体,经历了从结构化环境到非结构化环境、从辅助操控模式到自主运动模式、从简单机械结构到复杂机电系统的跨越发展。机器人视觉导引技术正是赋予机器人环境感知能力、引导机器人运动控制过程、提升机器人自主作业品质的必要途径。得益于光学成像、计算机视觉、图像处理、模式识别、机器人控制等许多学科的蓬勃发展,机器人视觉导引技术能够在较低的应用成本下达到优越的导引信息容量、导引作业精度、环境适应能力。目前,机器人视觉导引技术不仅应用在智能制造、物流运输、医学诊疗等领域[1, 2],而且在航空航天、武器装备等国防安全领域也展现出独特的优势[3, 4],具有重要的研究价值。

数十年来,机器人视觉导引技术的蓬勃发展与光电探测器件和信息处理算法的持续演进密不可分。目前机器人视觉导引系统的种类涵盖图像传感器、结构光传感器、激光距离传感器、高光谱相机、激光雷达等,机器人视觉导引算法从二维图像分析扩展到三维点云乃至高维数据处理,同时也融合了先进控制算法和深度学习算法的最新进展[5, 6]。这些日新月异的硬件系统和软件算法,是推动机器人视觉导引技术迈向灵巧化、自主化、智能化的重要驱动。

国外较早认识到机器人可以在复杂环境条件下模拟人类作业的巨大潜力和广阔前景,因此在机器人视觉导引技术研发和市场应用方面具有先发优势。图 1.1 展示了国外利用视觉系统导引控制机器人作业的典型配置及应用场景。瑞士 ABB 公司在 IRB 360 FlexPicker 机器人上搭载自主研发的 2D 视觉系统,能在狭小或宽阔空间内达到高节拍、高精度、大负载的作业性能,近 15 年来始终保持着拾料和包装行业的领先地位[7]。日本 FANUC 公司研发的 iRVision 视觉系统,既能提供传统二维视觉的部件定位和存在验证能力,又具备结构光视觉的三维测量和形貌重建能力,可以引导机器人在多类应用场景下执行无序目标抓取任务[8]。美国 Intuitive Surgical 公司研发的达芬奇机器人手术系统历经多次迭代,成为当今最先进的微创外科治疗平台,其采用高分辨率三维内窥成像系统引导机器人复制外科医生的动作,使得外科手术的精度超越了

(a) ABB 公司的 IRB 360 Flex Picker 机器人

(b) FANUC 公司的 iRVision 视觉系统

(c) Intuitive Surgical 公司的机器人手术系统

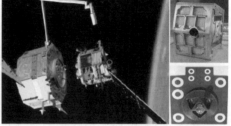

(d) Orbital Express 计划的空间机器人及视觉系统

图 1.1 国外机器人视觉导引技术进展[7-11]

人类极限[9]。DARPA 组织的 Orbital Express 计划采用视觉相机、LED 阵列和合作标志器构成的空间目标位姿测量系统,在轨验证了机器人在视觉伺服控制下自主完成组件更换、燃料补给、交会对接等任务的能力[10, 11]。

中国在国家战略、经济转型和应用需求等多方因素的驱动下,也迫切需要推动工业、农业、医药等诸多领域向着自动化、智能化、网络化方向发展,给机器人和传感器相关行业的技术变革带来极大的动力。国际机器人联合会(IFR)统计数据表明:自 2016 年以来,全球工业机器人运转存量的年均增长率为 14%,到 2021 年已超 347.7 万台,其中中国自 2013 年以来保持年均 28% 的增长率,已成为全球存量最大、增长最快的机器人市场,截至 2021 年中国机器人运转存量超过 122.4 万台[12]。在机器人市场蓬勃发展趋势的驱动下,国内也开始大力投入机器人视觉导引的技术攻关和推广应用,在智能工厂、精准农业、自主导航、辅助手术、空间对接、无人侦察等方面均已取得显著成效。

如图 1.2(a)所示,将机器人视觉导引技术应用在现代汽车制造现场,能够根据实际场景和操作对象的变化自动调整机器人的运动轨迹和作业流程,实现切削/制孔/打磨加工、零件抓取上下料、车身总成定位装配等成套生产工艺的自动化和智能化[13]。如图 1.2(b)所示,机器人视觉导引技术在农业应用场景的作用愈加凸显,利用视觉或多传感器融合实现自主导航、识别定位、语义分析等功能,引导机器人执行农场信息获取、成熟作物收获、作物环境修整等任务,可以在提升生产效率的同时保证作业精度和柔性[14]。随着航空领域对自主智能无人系统的需求持续上升,视觉导引技术也成为提升无人平台环境感知与精准作业能力的重要途径,可以实现图 1.2(c)所示的自主着陆、机舰协同、空中加油等多类任务[15-17]。在智能建造领域,视觉导引技术可为建设机器人的运动轨迹和任务规划提供必要的信息支持,提升砌砖、墙面打磨、外墙喷涂、铺贴瓷砖等施工作业的精度、效率、灵活性以及稳定性,如图 1.2(d)所示[18]。

综合来看,机器人视觉导引技术的发展已经取得许多振奋人心的成果,让机器人在部分情况下代替人类执行作业任务成为可能,但是尚未完全满足复杂化、多元化应用场景的需求。目前,该技术面临的主要问题包括:机器人视觉导引系统存在视野范围、测量精度、响应速度、结构集成性、环境适应性等性能指标之间相互制约甚至相互对立的矛盾,通常需要牺牲部分性能以达到较好的平衡;机器人导引控制算法必须针对具体的作业环境和操作对象进行任务调度与运动规划,缺乏不同应用场景之间的迁移及泛化能力。这些关键问

(a) 工业领域的加工、焊接、涂层、装配等工艺　　(b) 农业领域的作物收获、采摘、土地平整等任务

(c) 航空领域的无人机自主着陆、机舰协同、空中加　　(d) 建造领域的砌砖、打磨、喷涂、铺贴等任务
　　油等任务

图 1.2　国内机器人视觉导引技术进展[13-18]

题的突破,将极大地推动机器人导引定位与自主作业技术的发展,为我国智能制造、生物医学、国防军事等相关领域的技术变革和应用拓展提供支撑。

1.2　常见机器人导引技术

机器人导引技术是建立机器人与感知系统之间联系的桥梁,其中感知系统可以获取机器人及其周围作业环境的信息,提供机器人自主作业所需的精准定位和跟踪导引功能。针对不同传感技术的特点和实际应用场景的差异,研究人员先后提出基于电磁、激光、视觉、超声波及其组合等原理的机器人导引技术。

1.2.1　电磁导引技术

电磁导引技术也称地下埋线导航,由美国在 20 世纪 50 年代最先开发成功,到 20 世纪 70 年代迅速发展并广泛应用于实际生产。电磁导引技术在机器人的行驶路径上铺设或埋设金属导线,通过加载不同频率的交变电流在导线周围构建电磁场,机器人通过磁感应器检测的信号分析得到自身位置,再通过控制系统调整机器人的运动轨迹和位置姿态,引导机器人完成既定的作业任务。

由于提前布设电磁设备或获取磁场信息的时间、成本、场地等因素,机器人电磁导引技术在结构化或准结构化环境下应用较为广泛。Rahok 等提出用于室外自主移动机器人的环境电磁场导引系统,其原理是使用电磁传感器预先扫描环境电磁场并构建数据库,通过机器人自主移动过程中探测的磁场变化与数据库进行匹配定位[19]。姜荣奇等提出面向全自动无人停车系统的电磁导引搬运机器人,该机器人沿着预先设定的电磁导引路径运动,可在地面管理调度下将车辆准确运送到专用停车点位[20]。陈飞等针对大范围环境内机器人巡逻路径优化问题,提出基于射频识别(radio frequency identification, RFID)信息节点的导引方法,使用 RFID 标签来标记环境中的关键位置,并利用标签中存储的导航指令来引导机器人的行动[21]。

电磁导引技术在机器人辅助手术系统中也能发挥重要的作用。例如,Franco 等提出一种用于激光消融肿瘤手术的导针机器人,可在核磁共振成像引导下快速对准针头导向器,可以大幅提升手术过程的针头对准效率[22];Bruns 等使用电磁源生成可编程控制的电磁场,引导机器人将人工耳蜗电极阵列准确插入人体耳蜗,可以降低平均插入力以免损伤内耳的精细结构[23]。

电磁导引技术无需复杂精细的传感设备,具有原理简单、制造成本低、使用寿命长等特点,同时便于控制、通信且不受外界声光干扰。但是,构建导引电磁场的难度会随导引路径的复杂度大幅增加,而且这类技术无法适应复杂非结构化的应用环境,限制了机器人自主定位作业的灵活性和适应性。

1.2.2 激光导引技术

激光导引技术通过主动向外发射光束并解析返回信号来获取目标或场景的三维信息,主要实现形式包括激光经纬仪、激光跟踪仪、激光雷达、室内全局定位系统(iGPS)、工作空间测量定位系统(wMPS)等[24, 25],如图 1.3 所示。这些系统原理不同且各具优势,使得机器人激光导引技术呈现"百花齐放"的态势。图 1.3 展示了机器人激光导引技术的典型应用案例,包括:(a)利用激光跟踪仪实现移动铣削加工机器人精度补偿[26],(b)利用激光雷达实现定位导航[27]。

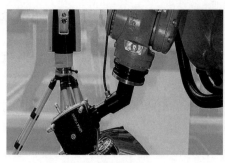 

(a) 激光跟踪仪 　　　　　　　　　　　(b) 激光雷达

图 1.3　机器人激光导引技术应用案例[26, 27]

激光跟踪仪采用光学干涉原理测量从靶标返回的光束距离,结合跟踪转镜的角度解算测量点的空间坐标,而且能够根据接收光束方向调整转镜角度,保持对靶标中心的动态跟踪。由于具有良好的准确性、动态性和实时性,激光跟踪仪已成为机器人终端位姿测量和精度补偿的重要手段[28, 29]。Droll 提出采用激光跟踪仪在线补偿机器人运动路径的方法,从激光跟踪测量结果辨识机器人的运动学参数并予以修正[30]。史晓佳等提出基于激光跟踪仪的机器人末端位姿连续测量方法,并通过闭环控制系统实现机器人末端位姿误差的在线补偿[31]。邱铁成等利用激光跟踪仪测定卫星主体的定位孔和服务舱板的销钉孔,以此规划机器人的运动路径并控制完成卫星舱板的辅助装配任务[32]。

激光雷达是传统雷达与激光技术结合的产物,其原理是通过光学扫描机构控制激光指向目标场景的不同区域,再从回波信号的时间间隔或频率变化解算目标距离,实现三维信息提取和空间场景重建。激光雷达的优势包括测量精度高、点云密度大、作业效率高、抗干扰能力强等,可为机器人在未知环境的感知定位和导引作业提供极具潜力的途径[33]。牛润新等在农业机器人上搭载单线激光雷达,可在非结构化的果园环境下准确检测果树位置,以便机器人执行修剪、除草、采摘等任务[34]。Haddeler 等提出异构机器人编队的三维激光雷达传感器配置方案,通过评估激光雷达的建图效果来优化多机器人的运动轨迹和扫掠面积,提升异构机器人编队协作探索未知环境的效率[35]。

针对大尺寸空间的机器人定位导航等问题,研究人员先后提出多类基于三角测量原理的分布式系统方案。室内 GPS(iGPS)测量系统最具代表性,其基本原理是利用红外激光发射器向外发出两面扇形光束,通过旋转发射器遍历扫描整个测量范围,结合发射器的转速和接收器的信号同时获取多点的三维信息[36]。该技术具有测量稳定性强、测量实时性好、支持并行测量等优势,成功应用在许多大型部件自动加工及装配场景。美国波音公司引入电子装配对接系统解决客机大型部件对接装配难题,其利用自动导引运输车(Automated Guidance Vehicle, AGV 小车)将飞机舱段运输到装配工位,再通过 iGPS 实时测量对接舱段的三维位姿,引导数控定位器调整机身位姿以实现精准的对接装配[37]。刘丽等提出采用 iGPS 作为机器人柔性三维形貌测量的全局基准,通过 iGPS 实时获取工业机器人空间姿态并建立其不同测量站位之间的转换关系,可以保证大型复杂曲面形貌测量的精度和可靠性[38]。任永杰等采用室内空间测量定位系统(wMPS)实时监测 AGV 平台的位姿信息,通过模糊控制算法动态调整 AGV 的前进、转向等运动参数,实现高精度的 AGV 导航定位与路径规划[39]。金兆瀚等引入 wMPS 分布式测量网络以解决机器人在线校准问题,实时获取工业机器人末端执行器的位置误差,可在制造现场条件下实现机器人绝对定位精度补偿[40]。

激光导引技术利用主动探测原理实现机器人环境感知与定位引导,具有探测距离远、测量精度高、覆盖范围大、干扰抑制能力强等优势,适用于复杂非结构化作业环境。此类技术在结构集成性、系统复杂性、实施成本等方面还存在明显的局限,难以适应紧凑化、轻量化、性价比等要求较高的应用场景。

1.2.3 视觉导引技术

视觉导引技术从相机拍摄的目标场景图像中解算目标位姿或恢复场景信息,引导机器人在三维空间内实现自主导航和目标定位。根据视觉感知原理的不同,机器人视觉导引技术通常表现为单相机、双/多相机、结构光传感器、深度相机等形式,如图 1.4 所示。机器人视觉导引技术的典型应用案例包括:

(a) 无人机定位抓取　　　　　　　　　(b) 机器人自动焊接

图 1.4 机器人视觉导引技术应用案例[41-43]

(a)使用单相机引导无人机载操纵系统抓取目标[41, 42],(b)使用结构光传感器引导机器人跟踪定位焊缝轨迹[43]。

单目视觉导引技术通常借助场景的先验或几何约束恢复三维信息,构成基于位置的视觉伺服控制回路,或者建立图像空间与笛卡尔空间的雅可比(Jacobian)矩阵,构成基于图像的视觉伺服控制回路[44]。Lee 等通过场景消逝点的方向估计机器人方位,使用简单的线性方程推导机器人位置和线性地标的估计模型,实现室内服务机器人的高效同步定位与建图功能[45]。Liang 等在相机参数完全未知的情况下,提出基于视觉反馈信息的移动机器人位置控制方法,可以根据图像特征位置引导机器人移动至任意指定的期望位置[46]。余泽康等针对单目视觉缺失深度信息的问题,提出利用 QR 码识别技术获取工件种类和抓取空间位置等信息,能够有效提升单目视觉引导下机器人装配系统的定位精度[47]。冯朋飞等利用基于数据驱动的深度学习方法,从单目视觉图像中估计患者头部姿态,为神经外科手术机器人的自主感知与智能引导提供了新的方向[48]。

双目/多目视觉导引技术利用三角测量原理从不同视角的图像对中重建三维目标场景,为机器人目标识别和引导定位提供可靠的信息。Dinham 等将双目视觉应用在机器人焊接领域,通过目标识别和三维测量实现焊缝定位,可在车间环境下引导机器人进行自动化电弧焊作业[49]。Kanellakis 等在微型飞行器上搭载两台相机进行立体视觉深度感知,引导飞行器到达感兴趣的目标区域或与之保持一定距离,以便执行基础设施检查和维护任务[50]。Jiang 等采用双相机系统识别散乱分布的自塞铆钉,结合双目立体重建算法定位铆钉的三维骨架线,引导机器人抓取铆钉并完成装配[51]。周浩等提出利用双相机系统采集不同视角的果实图像,通过深度学习目标检测网络提取果实区域,并结合立体匹配和三角测量计算果实采摘位置,可在复杂野外环境下引导农业机器人的作业任务[52]。

结构光视觉导引技术通过辅助光源向外投射具有判别性的结构条纹作为检测特征,结合三角测量原理准确获取被测对象的三维轮廓信息,在光照变化、弱小特征等特殊条件下也能引导机器人进行自主作业。Imam 等结合激光视觉传感器和深度学习方法检测零部件的受损区域,在损伤区域识别定位的基础上引导机器人完成激光熔覆修复工艺[53]。陈璐等提出基于结构光三维视觉测量的机器人引导制孔方法,从工件表面三维点云中检测待制孔点处的法向量,依次引导机器人修正刀具轴线的姿态角度直至满足制孔垂直度要求[54]。

王文辉等提出利用双线结构光测量的移动机器人导引方法,通过实时获取机器人相对于飞机蒙皮表面装配对缝的位姿信息,解决机器人运动过程中的自主调姿和跟踪测量问题[55]。

综合来看,视觉导引技术通常采用三角测量原理从二维图像提取机器人导引定位信息,具有结构简单、测量效率高、信息容量大、实现成本低等优点,还能与计算机视觉、深度学习等方法深度融合,为机器人提供场景感知、目标识别和精准定位能力。当前许多研究尝试从系统集成、图像分析、信息获取、控制策略等方面提升机器人视觉导引性能,以满足特定应用场景的需求。

1.3 机器人视觉导引研究现状

1.3.1 三维视觉测量理论

作为机器人视觉导引理论的重要组成部分,三维视觉测量主要以光学成像为基础,同时结合计算机视觉与几何测量原理,旨在解决如何从单幅或多幅二维图像准确恢复三维信息的问题[56]。根据机器人视觉系统的组成形式,围绕三维视觉测量的研究主要分为单目视觉测量、双目视觉测量、多目视觉测量、主动视觉测量等方向,目前已经形成比较系统成熟的理论体系。

单目视觉测量理论通常依赖场景先验或几何约束来克服深度信息缺失导致的病态问题。传统的单目视觉测量方法包括阴影恢复形状、焦距恢复形状、几何恢复形状、运动恢复形状、立体视角恢复形状等。近年来,深度学习方法在单目视觉深度估计和三维重建方面的潜力也受到广泛关注。

(1)阴影恢复形状是建立图像亮度与光照方向及表面形状之间的关系模型并重建三维信息的过程[57],后续研究提出参数化表面模型[58]、径向基函数反射模型[59]等方法,以克服光源初始信息和目标表面性质的假设。

(2)焦距恢复形状通过调整焦距得到一系列不同清晰度的图像,利用焦距与图像清晰度的关系模型实现深度估计和三维重建[60],决定其三维测量精度的主要问题在于如何准确计算聚焦量和抑制噪声影响[61,62]。

(3)几何恢复形状是利用目标场景的已知几何特征或约束关系解算三维信息的过程,通常要求在目标场景内布设一定数量的标识,通过求解 n 点透视问题(Perspective-n-Point problem, PnP)获取目标的三维位置和姿态,关于 PnP 求解算法的研究大多聚焦在精度、鲁棒性、计算效率等方面[63,64]。

（4）运动恢复形状从静止目标场景的有序或无序图像序列估计相机运动轨迹并重建三维场景结构，主要包含图像特征提取匹配、相机运动估计和三维结构重建阶段[65]，其研究重点在于构造稳健的图像特征描述符、提升相机位姿估计的精度效率、优化三维结构重建的计算策略及处理框架等[66, 67]。

（5）立体视角恢复形状是指通过单台相机与附加光学元件的组合采集目标场景的多视角图像序列，结合立体匹配和三角测量等算法恢复三维场景结构[68]，常用的附加光学元件有平面反射镜、曲面反射镜、二分棱镜、旋转棱镜、衍射光栅，国内外学者已从系统参数标定、图像配准校正、三维信息获取等角度开展大量研究，以提升单相机三维视觉系统的三维重建性能[69, 70]。

（6）深度学习方法使用卷积神经网络直接建立彩色图像与深度图之间的映射关系，或将深度估计问题转化为其他三维视觉重建问题，其当前面临的主要挑战包括深度估计精度对网络结构复杂度的依赖性、单目视觉深度估计模型在未知环境的泛化能力、复杂应用场景的模型训练数据匮乏等[71, 72]。

双目视觉测量理论模拟人类双眼的立体感知原理，通过两台相机在不同角度拍摄目标场景的图像，再根据三角测量原理从两幅图像的立体视差中解算三维信息[73]，如图 1.5（a）所示。目前国内外学者主要在系统标定、特征提取、立体匹配等方面开展研究以实现双目视觉三维测量的性能提升和应用拓展。例如，Cui 等利用三维空间的重投影误差构造优化目标函数，可以提升双目视觉系统参数标定和三维测量的精度[74]；Brandt 等通过图像对的分层表达来限制视差搜索范围，同时结合考虑区域上下文信息的代价函数和保留视差边界的代价聚合方法，可以提升双目图像立体匹配的精度和效率[75]。

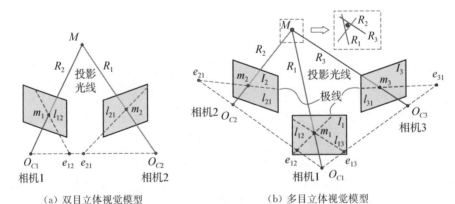

（a）双目立体视觉模型　　　　　（b）多目立体视觉模型

图 1.5　三角测量原理

针对双目视觉三维测量存在视场范围有限、同名匹配歧义、易受遮挡影响等问题,引入一台或多台相机构成多目视觉系统可产生更多的成像几何约束,利用光束平差原理降低图像匹配误差的影响,进而提升三维测量的精度[76],如图 1.5(b)所示。姚荣斌等采用三目视觉系统解决航天交会对接中的相对位姿测量问题,并引入非线性优化方法克服图像噪声对姿态估计的影响[77]。别梓钒等通过四目视觉系统进行机器人末端扫描测头的动态测量定位,在传统光束平差法的误差方程中引入摄影比例尺,实现相机参数和三维坐标的分步优化[78]。Wierzbicki 在无人机上搭载由五台相机构成的多目视觉系统,通过特征图像配准算法扩大无人机成像的覆盖区域,还可利用多相机几何特性实现三维场景建模[79]。

主动视觉测量理论借助结构光图案在目标表面形成显著的光场分布特征,再利用三角测量原理从相机探测的二维图像中重建目标场景的三维结构。根据不同结构光源形式,主动视觉三维测量包括点扫式、线扫式、面阵式等三类[80],如图 1.6 所示。点扫式结构光视觉测量方法通过结构光投射器向目标场景投射光点,再由不同数量的相机构成单三角或多三角结构实现三维信息测量,同时结合扫描装置沿着水平和垂直方向改变光点位置,即可获取整个目标场景的三维形貌。线扫式结构光视觉测量方法向目标场景投射线状激光图案,利用扫描装置控制光条沿着垂线方向移动或绕着轴线方向旋转,同时利用相机拍摄不同位置的光条图案以便进行特征提取、特征匹配和三角测量[81, 82]。面阵结构光视觉测量方法通常采用网格、光栅等形式的投影图案,无需扫描装置即可完全覆盖目标区域,并在系统参数标定的基础上进行结构光特征提取、匹配和三维信息解算[83, 84]。除了利用三角测量原理直接从光栅投影图像中提

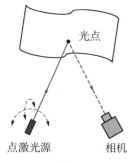
（a）点结构光

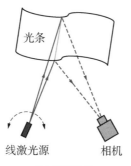
（b）线结构光

（c）面结构光

图 1.6 主动视觉测量模型

取深度信息以外,基于相位调制原理的条纹投影轮廓术已经发展成为结构光视觉测量的重要分支[85]。该方法的基本原理是通过相机拍摄经过物体表面调制的变形条纹,再结合相位计算、相位展开和三维映射实现物体表面形貌的三维重建,其研究重点包括条纹编码策略、相位展开算法、系统标定方法、高动态范围测量等方向[86]。

1.3.2 机器人运动学理论

机器人运动学理论包括正向运动学和逆向运动学两部分。前者需要根据给定的机器人各关节变量计算机器人末端的位置姿态参数,而后者需要针对预期的机器人末端位姿参数计算机器人在对应状态的全部关节变量。对于机器人视觉导引而言,研究机器人运动学理论的意义是建立三维视觉定位信息与关节空间变量的数学模型,为机器人轨迹规划和运动控制提供基础。

作为当前应用较多的机器人运动学建模方法[87],Denavit-Hartenberg(D-H)方法经历数十年的发展已形成许多变种,但都依赖关节角、连杆偏移、连杆扭转角、连杆长度等参数描述相邻关节局部坐标系之间的转换关系,并通过机器人上多个关节局部坐标系的累积传递来建立关节变量和末端位姿的映射关系[88, 89]。旋量理论利用各连杆绕固定轴转动的参数,建立其局部坐标系相对于机器人基坐标系的转换关系,可以有效克服 D-H 方法缺乏明确几何意义和存在奇异性等局限性,得到越来越广泛的关注和应用[90]。两类方法分别采用 4 个标量参数和 2 个标量参数加 2 个向量参数的组合来描述局部坐标系,如图 1.7 所示。

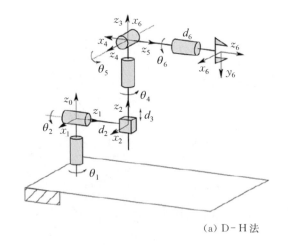

D-H参数

连杆	a_i	α_i	d_i	θ_i
1	0	$-\pi/2$	0	θ_1
2	0	$\pi/2$	d_2	θ_2
3	0	0	d_3	0
4	0	$-\pi/2$	0	θ_4
5	0	$\pi/2$	0	θ_5
6	0	0	d_6	θ_6

(a) D-H 法

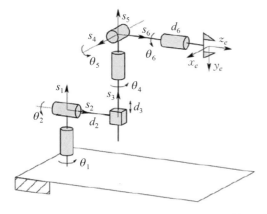

关节	s_i	$s_{0,i}$	θ_i	t_i
1	$(0, 0, 1)$	$(0, 0, 0)$	θ_1	0
2	$(1, 0, 0)$	$(0, 0, 0)$	θ_2	0
3	$(0, 1, 0)$	$(d_2, 0, 0)$	0	d_3
4	$(0, 1, 0)$	$(d_2, 0, 0)$	θ_4	0
5	$(0, 0, 1)$	$(d_2, 0, 0)$	θ_5	0
6	$(0, 1, 0)$	$(d_2, 0, 0)$	θ_6	0

Rodrigues参数

（b）旋量法[90]

图 1.7　机器人运动学建模方法

机器人逆运动学问题的求解思路通常分为解析方法和数值方法两类,在机器人运动学标定、优化设计及性能分析方面均有广泛的应用。解析方法依赖机器人的几何特性来构造闭合解,具有计算成本低和求解效率高的优势,而且能得到全部可能的逆解。此类方法还可以结合子问题分类推断[91]、工作空间分析[92]、共形几何代数[93]、机器学习算法[94]等手段,克服机器人构型变化以及冗余运动自由度给逆运动学求解带来的难题。数值方法将机器人逆运动学问题转化为优化问题或寻根问题,从各关节变量的初始估计迭代逼近一组精确的逆向解,可以弥补解析方法难以推导且依赖关节完全对准等不足[95]。利用数值方法逆向求解机器人运动学问题大致分为启发式方法、基于优化的方法、基于雅可比矩阵的方法[96]。启发式方法通过简单的更新规则和基本的运算过程求解逆运动学问题,但在高精度要求下计算效率会降低且存在收敛问题[97]。基于优化的方法通过构建约束条件和代价函数来描述逆运动学问题,在求解灵活性和适应性方面更具优势[98]。基于雅可比矩阵的方法采用雅可比矩阵转置、雅可比矩阵伪逆及其变种来描述逆运动学关系,其计算成本较低且易于实现[99]。

1.3.3　视觉伺服控制技术

视觉伺服控制技术主要研究如何从环境图像中观测感兴趣的特征信息,并以此为视觉反馈实现机器人的运动控制或轨迹跟踪,使其到达预期的位置和姿态。按照控制系统的构成方式,机器人视觉伺服策略分为基于位置的视觉伺服、基于图像的视觉伺服、同时利用位置和图像的混合视觉伺服,如图

1.8所示[100, 101]。但是,无论采用何种视觉伺服控制策略,研究内容均涉及视觉信息与运动映射关系、误差表征与控制律设计、视觉系统标定等关键问题。

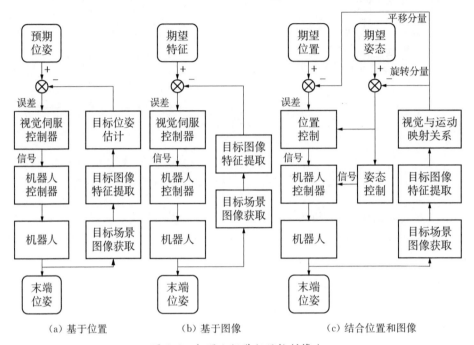

（a）基于位置　　　　　　（b）基于图像　　　　　（c）结合位置和图像

图 1.8　机器人视觉伺服控制策略

　　基于位置的视觉伺服控制策略利用三维视觉测量获取目标的位置姿态,并与期望的位置姿态进行比较产生误差,根据该误差设计控制律并控制机器人运动,从而在三维笛卡尔空间构成伺服控制回路。该策略可以利用机器人在三维空间的完整位姿信息,将视觉系统的作用隐含在目标识别与定位环节,通过旋转分量和平移分量的解耦来简化控制器的设计难度,且易于从理论上分析系统的稳定性和收敛域[102]。在采用单相机视觉系统的情况下,通常需要结合场景的先验知识实现三维空间的位姿估计,同时引入卡尔曼滤波、粒子滤波等方法抑制图像噪声的影响[103, 104]。对于场景信息完全未知的情况,可以利用双目视觉、结构光视觉等三维测量方法实现基于位置的机器人视觉伺服控制[105]。

　　基于图像的视觉伺服控制策略利用目标在图像平面上形成的特征来定义误差,根据图像特征与机器人运动之间的映射关系设计控制律以减小图像偏差,最终在二维图像空间构成伺服控制回路。该策略通常采用从多组图像特征计算交互矩阵的方式,获取视觉信息和机器人或相机运动之间的映射关系,由此设计合理的视觉伺服控制律[106]。由于传统的局部图像特征提取方法易受图像噪声和物体遮挡的影响,且对尺度和旋转变化较为敏感,许多研究通过图像矩、互信息、总体轮廓等全局图像特征构造视觉反馈[107, 108],利用更多的图像信息进行任务描述以增强视觉系统的鲁棒性,但其代价是会增加控制器设计的难度。

混合视觉伺服控制策略包括在三维笛卡尔空间的控制回路和在二维图像空间的控制回路,一部分自由度采用基于位置的视觉伺服以避免姿态变化过大导致的伺服失败,另一部分自由度采用基于图像的视觉伺服以保证位置控制精度[109]。该策略根据当前视图和期望视图之间的关系建立单应性矩阵,利用图像特征信息以及单应性矩阵分解得到的旋转分量构建闭环控制系统[110]。采用混合视觉伺服策略的控制系统一般对于部分图像和姿态误差具有渐近稳定性和指数稳定性,但也无法完全控制三维空间误差和图像特征误差的影响。部分研究根据当前姿态或图像特征状态,在基于位置的伺服控制策略和基于图像的伺服控制策略之间进行主动切换,可以有效避免伺服控制失败[111]。在视觉伺服控制器设计的过程中,通过引入模型预测控制或轨迹规划算法来克服目标深度估计、相机参数未知等难题,已经成为提升控制系统稳定性和适应性的重要途径[112, 113]。

1.3.4 系统参数标定技术

机器人视觉导引系统由机器人和视觉系统两部分组成,其中机器人末端位姿通过机器人基坐标系描述,而视觉系统的测量信息通过相机坐标系描述。在完成机器人运动学标定和相机参数标定的基础上,分别可以建立机器人基坐标系与末端坐标系以及相机坐标系与世界坐标系之间的相对转换关系。为了建立从视觉系统到机器人的信息传递链路,必须准确标定相机坐标系与机器人末端坐标系之间的刚体变换关系,即手眼标定问题。根据机器人视觉导引系统的布置形式,也可大致分为眼在手参数标定问题和眼看手参数标定问题。目前已有报道的机器人手眼关系标定方法主要包括基于齐次变换方程的方法、基于重投影误差最小化的方法、基于人工神经网络的方法等三类。

基于齐次变换方程的方法大多采用形如 $AX = XB$ 的数学模型,其中 A 和 B 分别表示机器人末端和视觉系统在两次运动之间的坐标转换矩阵,X 表示待标定的机器人末端和相机之间的坐标转换矩阵。针对齐次变换方程的求解问题,Tsai 等利用轴角参数表示旋转矩阵,并提出先用最小二乘法估计旋转参数、再代入方程求解平移参数的两步法[114]，这是当前应用最为广泛的手眼标定方法之一。Frank 等将坐标转换矩阵表示为李群代数形式并建立手眼标定方程的闭合解，通过在欧氏空间内优化目标函数获得最小二乘解[115]。类似地，还有研究通过四元数、Kronecker 积等方法表示旋转矩阵，实现旋转参数和平移参数的分步求解[116, 117]。针对旋转参数与平移参数的强非线性耦合特点、分步求解导致旋转误差向平移误差传递等问题，许多研究提出旋转及平移参数同步求解的解析方法或数值优化方法。例如，Daniilidis 将手眼变换关系转化为双四元数并构建新的线性齐次方程组，再通过奇异值分解方法同时获取旋转矩阵和平移向量[118]；Heller 等针对无合作靶标的机器人手眼标定问题，在利用极线约束构建目标函数的基础上，通过线性规划和分支定界优化方法寻求旋转和平移参数的最优解[119]。

基于重投影误差最小化的标定方法将每次运动采集的标定图案重投影到共同平面上，通过实际图像和重投影图像之间的误差最小化来估计手眼变换关系。Koide 等将机器人手眼标定转化为位姿图优化问题，通过最小化所有输入图像的重投影误差同时估计手眼变换关系和标定图案位姿，能够拓展至不同的相机成像模型[120]。Qiu 等提出结合点集匹配策略解决机器人手眼标定问题，在特殊的欧几里得群上运用梯度下降算法来估计两组点集的齐次变换矩阵[121]。Pedrosa 等根据机器人视觉系统局部坐标系之间的拓扑关系定义树状图结构，针对局部坐标系之间的转换关系建立各自的重投影误差目标函数，再结合非线性最小二乘优化方法获取手眼变换参数[122]。马清华等通过矩阵直积参数化方法计算手眼关系矩阵的初值，结合摄影测量光束平差的优化模型与重投影误差最小化的代价函数，得到手眼关系矩阵的最优估计，具有较高的精度和鲁棒性[123]。

基于人工神经网络的方法可以通过训练学习过程优化网络结构和参数，建立视觉坐标系相对于机器人基坐标系的映射关系，即使在相机参数未知或合作靶标缺失的情况下也能获取准确的机器人手眼变换矩阵。例如，Zou 等提出基于深度强化学习的机器人视觉系统端到端标定方法，通过从像素到点的模块预测图像特征位置，并利用从点到末端的变换建立像素坐标系与机器人末端坐标系的精确转换关系，能够保证焊接机器人在视觉导引下连续运动和姿态变化的准确性[124]；Pachtrachai 等采用深度卷积网络解决机器人辅助微创手术系统的手眼标定问题，在不使用合作靶标的情况下也能从时序信息和机器人位姿数据中估计手眼矩阵，并针对机器人视觉系统的变化动态更新手眼关系,达到良好的精度和适应性[125]。目前,基于人工神经网络的方法已在某些应用场景展现出显著的优势,如何提升其对复杂环境或严苛条件的鲁棒性和泛化性将是重要的研究方向。

1.3.5 实际应用

随着机器人视觉导引理论和技术的研究不断深入,其实际应用逐渐覆盖智能制造、精准农业、生物医学等诸多领域,通过视觉导引系统赋予机器人环境感知的能力,使其达到接近人类乃至超越人类的动态性能和作业品质,推动各领域向着无人化、自主化、智能化、协同化等方向发展。

在智能制造领域,机器人视觉导引技术既可为切削、铣削、制孔、研磨、抛光等精密加工环节,又可为定位、抓取、对接、紧固等柔性装配环节提供支撑,还能在最终的质量检测和精度控制环节发挥重要作用,如图 1.9 所示。Xiao等结合双传感器协作策略建立了机器人焊接作业的视觉引导框架,先在未经标定的全局相机引导下控制机器人接近工件,再通过全局相机和激光视觉传感器协作引导机器人运动至初始焊接点,并利用深度学习方法进行实时焊枪检测和期望特征估计,以完成全自动化的机器人引导焊接任务[126]。Qin 等采用两台相机和三台激光距离传感器引导机器人执行大型物体装配任务,其中一台相机用于引导机器人携带装配部件从远处接近装配位置,另一台相机和三台距离传感器用于机器人的近距离引导,保证装配部件能够精确对准并插入框架,如图 1.9 所示[127]。Ayyad 等将神经形态视觉相机应用于机器人精密制孔系统,通过基于事件的多视图三维重建和圆孔检测方法获取工件姿态,同时结合基于位置和基于图像的视觉伺服控制策略,引导机器人精确定位末端执行器并在工件上自动制孔[128]。

(a) 工程机械履带板装配　　　　　　　　　(b) 乘用车轮胎装配

图 1.9　视觉引导机器人自动装配应用[127]

在精准农业领域,机器人已经逐渐替代人类承担播种、种植、移栽、收获、监测等系列任务,其中广泛采用单目视觉、双目视觉、结构光视觉、热成像、多光谱成像等技术提供环境感知和作业引导功能[129]。Si 等提出利用双目视觉系统实现目标识别定位的苹果收获机器人,通过随机环法从轮廓图像中提取水果形状特征,并结合面积和对极几何约束进行图像匹配和空间定位[130]。Lottes 等在农业机器人底部结构上安装相机和照明装置,结合植被检测、局部目标特征提取、随机森林分类、Markov 随机场平滑处理等方法,可从现场图像中分离和识别作物和杂草,从而引导机器人针对性喷洒药物或手动清除杂草,如图 1.10 所示[131]。Liu 等采用搭载广角相机的无人机作为视觉引导系统,根据相机采集的图像控制无人机悬停在合适高度以俯瞰稻田,同时结合特征识别算法为稻田中的农用汽艇提供全局定位信息,使其能够自主完成施肥和除草等任务[132]。

(a) Bonirob V3 机器人

(b) 底部安装的相机和照明装置

(c) 作物和杂草图像分割实例

图 1.10　视觉导引机器人精准除草应用[131]

在生物医学领域,机器人视觉导引技术已在筛查诊断、临床手术等方面得到一定应用,如图 1.11 所示。Chen 等提出结合近红外成像和超声波成像引导机器人自主建立血管通路的方法,通过近红外立体成像系统拍摄手臂以重建血管分布的三维形貌,而后在超声波传感器的引导下将针头插入目标血管进行抽血或注射药液[133]。Wang 等将双目视觉导引技术应用在医疗机器人系统上,结合手术切口检测、吻合钉位置规划、吻合钉检测等环节设计控制策略,引导机器人将吻合钉压入受伤皮肤区域,并在手术切口闭合之后拆除吻合钉,使得医疗机器人能够自主完成切口缝合与吻合钉移除任务[134]。

图 1.11　视觉引导技术在手术机器人中的应用[133]

此外,机器人视觉导引技术在航空航天、国防军事、物流运输、消防救援等领域也在发挥愈发重要的作用。对于航空航天领域而言,视觉导引是辅助空间机器人执行系统服役性能维护、卫星及空间站在轨组装、空间目标捕获或威胁物清除等任务的核心技术[135];对于国防军事领域而言,机器人可在视觉导引下部分或完全自主地执行战场态势侦察、军事设施建造、土方施工作业等任务[136]。在应用场景复杂化和功能需求多元化的双重驱动下,机器人视觉导引技术必然需要经历持续的发展和突破,才能在更加广阔的领域得到应用。

1.3.6　主要挑战

作为机器人硬件平台与视觉测量算法的结合,机器人视觉导引技术的发展与应用之间存在相互促进的关系。一方面,在机器人、计算机视觉、图像处理、人工智能等领域取得的研究进展,可从不同层面提升机器人视觉导引技术的性能,推动机器人视觉导引技术突破已有应用场景的瓶颈问题;另一方面,全球产业升级带来制造、建造、医疗、教育、农业等领域的重大变革,由此衍生许多复杂化的应用场景和多元化的作业任务,亟待提供可行的机器人视觉导引技术方案。综合来看,机器人视觉导引技术面临的挑战主要包括以下三个方面。

1) 机器人视觉导引系统的综合性能提升

机器人视觉导引系统的综合性能与其布置方案、测量原理、控制策略等因素密切相关,但普遍难以兼顾范围、精度、实时性、灵活性、适应性等各项指标。针对机器人视觉导引范围和精度之间的矛盾,必须从原理或方法层面突破三维视觉测量的关键难题,建立结构紧凑、功能集成的机器人视觉导引系统;而机器人视觉导引在实时性、灵活性和适应性等方面的需求,必须通过图像采集、处理、分析等各个环节的优化以及目标识别、分割、定位等算法的创新,形成高效、柔性、鲁棒的机器人视觉导引技术体系和自主定位作业流程。

2) 面向复杂应用场景的机器人视觉导引

随着机器人视觉导引应用领域不断拓展,机器人在复杂非结构化场景的自主作业需求变得更加迫切,其困难来自环境光照、背景干扰、稀疏特征、目标遮挡等影响因素。为此,机器人视觉导引技术可能需要引入照明光源、惯性测量单元等辅助装置,克服复杂环境下光照条件不足、定位信息缺失等问题;同时还要借助视觉、力觉、触觉等多类传感器的融合感知,保证机器人在多源扰动下仍能达到较好的定位精度和稳定性。如何针对具体应用场景建立合理的传感器布局方案和可靠的信息融合算法,将是机器人视觉导引技术的重要研究方向。

3) 多元任务驱动的机器人视觉导引控制

机器人自主化和智能化不仅需要满足不同应用场景的差异性需求,而且需要适应相同应用场景下多类作业任务的实施流程,这给机器人视觉导引的跟踪控制策略提出更加严苛的要求。机器人视觉导引技术必须从底层控制优化和顶层任务规划两方面进行突破,既要探索机器人运动控制算法和视觉伺服策略发展结合的新方向,又要围绕最优任务分配、动态路径规划、自适应跟踪导引等问题开展深入研究,从而为多元任务驱动的机器人自主作业提供技术支撑。

参考文献

［1］ Kim S H, Nam E, Ha T I, et al. Robotic machining: A review of recent progress [J]. International Journal of Precision Engineering and Manufacturing, 2019, 20: 1629 – 1642.

［2］ Kinross J M, Mason S E, Mylonas G, et al. Next-generation robotics in gastrointestinal surgery [J]. Nature Reviews Gastroenterology & Hepatology, 2020, 17: 430 – 440.

［3］ da Silva Santos K R, Villani E, de Oliveira W R, et al. Comparison of visual servoing technologies for robotized aerospace structural assembly and inspection [J]. Robotics and Computer-Integrated Manufacturing, 2022, 73: 102237.

［4］ Ha Q P, Yen L, Balaguer C. Robotic autonomous systems for earthmoving in military applications [J]. Automation in Construction, 2019, 107: 102934.

［5］ Kurka P R G, Salazar A A D. Applications of image processing in robotics and instrumentation [J]. Mechanical Systems and Signal Processing, 2019, 124: 142 – 169.

［6］ 董豪, 杨静, 李少波, 等. 基于深度强化学习的机器人运动控制研究进展[J]. 控制与决策, 2022, 37 (2): 278 – 292.

［7］ ABB Asea Brown Boveri Ltd. IRB 360 FlexPicker [EB/OL]. [2022 – 11 – 12]. https://new.abb. com/products/robotics/zh/industrial-robots/irb-360.

［8］ Connolly C. A new integrated robot vision system from FANUC Robotics[J]. Industrial Robot, 2007, 34(2): 103 – 106.

［9］ Intuitive Surgical Inc. Da Vinci SP: Move surgery forward again [EB/OL]. [2022 – 11 – 12]. https://www.intuitive.com/en-us/products-and-services/da-vinci/systems/sp.

［10］ Ogilvie A, Allport J, Hannah M, et al. Autonomous robotic operations for on-orbit satellite servicing [J]. Proc. SPIE, 2008, 6958: 695809.

［11］ 孟光, 韩亮亮, 张崇峰. 空间机器人研究进展及技术挑战[J]. 航空学报, 2021, 42(01): 8 – 32.

［12］ International Federation of Robotics. Executive Summary World Robotics 2022 Industrial Robots [EB/OL]. [2022 – 11 – 13]. https://ifr.org/free-downloads.

［13］ 尹仕斌, 任永杰, 刘涛, 等. 机器视觉技术在现代汽车制造中的应用综述[J]. 光学学报, 2018, 38 (08): 11 – 22.

［14］ 刘成良, 贡亮, 苑进, 等. 农业机器人关键技术研究现状与发展趋势[J]. 农业机械学报, 2022, 53 (07): 1 – 22＋55.

［15］ 刘飞, 单佳瑶, 熊彬宇, 等. 基于多传感器融合的无人机可降落区域识别方法研究[J]. 航空科学技术, 2022, 33(4): 19 – 27.

［16］ 徐小斌, 段海滨, 曾志刚, 等. 无人机/无人艇协同控制研究进展[J]. 航空兵器, 2020, 27(6): 1 – 6.

［17］ 汪刚志, 王新华, 陈冠宇, 等. 基于视觉的无人机空中加油目标识别技术研究[J]. 电子测量技术, 2020, 43(13): 89 – 94.

［18］ 陈翀, 李星, 邱志强, 等. 建筑施工机器人研究进展[J]. 建筑科学与工程学报, 2022, 39(4): 58 – 70.

［19］ Rahok S A, Shikanai Y, Ozaki K. Navigation for autonomous mobile robot based on environmental magnetic field [J]. Transactions of the Society of Instrument and Control Engineers, 2011, 47(3): 166 – 172.

［20］ 姜荣奇, 俞沛齐, 杨海河, 等. 托板式电磁导引停车搬运机器人系统的研究[J]. 物流技术与应用, 2017, 22(12): 136 – 138.

［21］ 陈飞, 董二宝, 许旻, 等. 基于 RFID 的移动机器人巡逻路径优化研究[J]. 计算机测量与控制, 2017, 25(10): 194 – 197.

［22］ Franco E, Brujic D, Rea M, et al. Needle-guiding robot for laser ablation of liver tumors under MRI guidance [J]. IEEE/ASME Transactions on Mechatronics, 2016,21(2):931 – 944.

[23] Bruns T L, Riojas K E, Ropella D S, et al. Magnetically steered robotic insertion of cochlear-implant electrode arrays: System integration and first-in-cadaver results [J]. IEEE Robotics and Automation Letters, 2020,5(2):2240 – 2247.

[24] 何雨镐,谢福贵,刘辛军,等. 大型构件机器人原位加工中的测量方案概述[J]. 机械工程学报,2022, 58(14):1 – 14.

[25] 赵欢,葛东升,罗来臻,等. 大型构件自动化柔性对接装配技术综述[J]. 机械工程学报,2022,58:1 – 21.

[26] Moeller C, Schmidt H, Koch P, et al. Real time pose control of an industrial robotic system for machining of large scale components in aerospace industry using laser tracker system [J]. SAE International Journal of Aerospace, 2017,10(2):100 – 108.

[27] Sun N, Qiu Q, Fan Z, et al. Intrinsic calibration of multi-beam LiDARs for agricultural robots [J]. Remote Sensing, 2022,14(19):4846.

[28] Schmitt R H, Peterek M, Morse E, et al. Advances in large-scale metrology — Review and future trends [J]. CIRP Annals, 2016,65(2):643 – 665.

[29] 廖文和,田威,李波,等. 机器人精度补偿技术与应用进展[J]. 航空学报,2022,43(5):9 – 30+2.

[30] Droll S. Real time path correction of industrial robots with direct end-effector feedback from a laser tracker [J]. SAE International Journal of Aerospace, 2014,7(2):222 – 228.

[31] 史晓佳,张福民,曲兴华,等. KUKA 工业机器人位姿测量与在线误差补偿[J]. 机械工程学报,2017, 53(8):1 – 7.

[32] 邱铁成,张满,张立伟,等. 机器人在卫星舱板装配中的应用研究[J]. 航天器环境工程,2012,29(5): 579 – 585.

[33] Jiang S, Wang S, Yi Z, et al. Autonomous navigation system of greenhouse mobile robot based on 3D Lidar and 2D Lidar SLAM [J]. Frontiers in Plant Science, 2022,13:815218.

[34] 牛润新,张向阳,王杰,等. 基于激光雷达的农业机器人果园树干检测算法[J]. 农业机械学报,2020, 51(11):21 – 27.

[35] Haddeler G, Aybakan A, Akay M C, et al. Evaluation of 3D LiDAR sensor setup for heterogeneous robot team [J]. Journal of Intelligent & Robotic Systems, 2020,100:689 – 709.

[36] Norman A R, Schönberg A, Gorlach I A, et al. Validation of iGPS as an external measurement system for cooperative robot positioning [J]. International Journal of Advanced Manufacturing Technology, 2013,64:427 – 446.

[37] 于勇,陶剑,范玉青. 波音 787 飞机装配技术及其装配过程[J]. 航空制造技术,2009,14:44 – 47.

[38] 刘丽,马国庆,高艺,等. 基于 iGPS 的复杂曲面三维形貌机器人柔性测量技术[J]. 中国激光,2019, 46(3):200 – 205.

[39] 任永杰,赵显,郭思阳,等. 基于 wMPS 和模糊控制的 AGV 路径规划控制[J]. 光学学报,2019,39 (3):191 – 198.

[40] 金兆瀚,杨凌辉,杜兆才,等. 基于 wMPS 的工业机器人定位精度自动补偿方法[J]. 自动化与仪器仪表,2022,4:202 – 209.

[41] Kim S, Seo H, Choi S, et al. Vision-guided aerial manipulation using a multirotor with a robotic arm [J]. IEEE/ASME Transactions on Mechatronics, 2016,21(4):1912 – 1923.

[42] Ling X, Zhao Y, Gong L, et al. Dual-arm cooperation and implementing for robotic harvesting tomato using binocular vision [J]. Robotics and Autonomous Systems, 2019,114:134 – 143.

[43] Rout A, Deepak B B V L, Biswal B B, et al. Weld seam detection, finding, and setting of process parameters for varying weld gap by the utilization of laser and vision sensor in robotic arc welding [J]. IEEE Transactions on Industrial Electronics, 2022,69(1):622 – 632.

[44] 徐德,谭民,李原. 机器人视觉测量与控制[M]. 3 版. 北京:国防工业出版社,2016.

[45] Lee T, Kim C, Cho D D. A monocular vision sensor-based efficient SLAM method for indoor service robots [J]. IEEE Transactions on Industrial Electronics, 2019,66(1):318 – 328.

[46] Liang X, Wang H, Liu Y H, et al. Image-based position control of mobile robots with a completely

unknown fixed camera [J]. IEEE Transactions on Automatic Control, 2018, 63(9):3016 – 3023.

[47] 余泽康,张秋菊,吕青,等.基于 QR 码的装配机器人视觉增强定位方法研究[J].现代制造工程, 2022,9:27 – 33+8.

[48] 冯朋飞,李亮,丁辉,等.基于深度学习的手术机器人单目视觉患者头部姿态估计[J].中国生物医学工程学报,2022,41(5):537 – 546.

[49] Dinham M, Fang G. Autonomous weld seam identification and localisation using eye-in-hand stereo vision for robotic arc welding [J]. Robotics and Computer-Integrated Manufacturing, 2013, 29(5): 288 – 301.

[50] Kanellakis C, Nikolakopoulos G. Guidance for autonomous aerial manipulator using stereo vision [J]. Journal of Intelligent & Robotic Systems, 2020, 100:1545 – 1557.

[51] Jiang T, Cheng X, Cui H, et al. Dual-camera-based method for identification and location of scattered self-plugging rivets for robot grasping [J]. Measurement, 2019, 134:688 – 697.

[52] 周浩,唐昀超,邹湘军,等.农业采摘机器人视觉感知关键技术研究[J].农机化研究,2023,45(6): 68 – 75.

[53] Imam H Z, Al-Musaibeli H, Zheng Y, et al. Vision-based spatial damage localization method for autonomous robotic laser cladding repair processes [J]. Robotics and Computer-Integrated Manufacturing, 2023, 80:102452.

[54] 陈璐,关立文,刘春,等.基于结构光三维视觉测量的机器人制孔姿态修正方法[J].清华大学学报(自然科学版),2022,62(1):149 – 155.

[55] 王文辉,黄翔,孟亚云,等.面向飞机蒙皮对缝的移动机器人自主跟踪方法[J].航空制造技术,2021, 64(3):76 – 82.

[56] 张宗华,刘巍,刘国栋,等.三维视觉测量技术及应用进展[J].中国图象图形学报,2021,26(6):1483 – 1502.

[57] Zhang R, Tsai P S, Cryer J E, et al. Shape-from-shading: a survey [J]. IEEE Transactions on Pattern Analysis and Machine Intelligence, 1999, 21(8):690 – 706.

[58] Courteille F, Crouzil A, Durou J D, et al. 3D-spline reconstruction using shape from shading: Spline from shading [J]. Image and Vision Computing, 2008, 26(4):466 – 479.

[59] 杨志明,赵红东.从阴影恢复形状的径向基函数反射模型研究[J].中国图象图形学报,2017,22 (11):1565 – 1573.

[60] Shim S O, Choi T S. Depth from focus based on combinatorial optimization [J]. Optics Letters, 2010, 35(12):1956 – 1958.

[61] Ali U, Mahmood M T. Robust focus volume regularization in shape from focus [J]. IEEE Transactions on Image Processing, 2021, 30:7215 – 7227.

[62] Fu B, He R, Yuan Y, et al. Shape from focus using gradient of focus measure curve [J]. Optics and Lasers in Engineering, 2023, 160:107320.

[63] Lepetit V, Moreno-Noguer F, Fua P. EPnP: An accurate O(n) solution to the PnP problem [J]. International Journal of Computer Vision, 2009, 81:155 – 166.

[64] Jiang C, Hu Q, Li H, et al. Homography-based PnP solution to reject outliers [J]. IEEE Transactions on Instrumentation and Measurement, 2022, 71:8505813.

[65] Özyeşil O, Voroninski V, Basri R, et al. A survey of structure from motion [J]. Acta Numerica, 2017, 26:305 – 364.

[66] Fan B, Kong Q Q, Wang X C, et al. A performance evaluation of local features for image-based 3D reconstruction [J]. IEEE Transactions on Image Processing, 2019, 28(10):4774 – 4789.

[67] Jiang S, Jiang C, Jiang W S. Efficient structure from motion for large-scale UAV images: A review and a comparison of SfM tools [J]. ISPRS Journal of Photogrammetry and Remote Sensing, 2020, 167:230 – 251.

[68] 刘兴盛,李安虎,邓兆军,等.单相机三维视觉成像技术研究进展[J].激光与光电子学进展,2022,59 (14):87 – 105.

［69］ Pan B, Yu L P, Zhang Q B. Review of single-camera stereo-digital image correlation techniques for full-field 3D shape and deformation measurement ［J］. Science China: Technological Sciences, 2018, 61(1):2 - 20.

［70］ 周富强,王晔昕,柴兴华,等. 镜像双目视觉精密测量技术综述［J］. 光学学报,2018,38(8):0815003.

［71］ 宋巍,朱孟飞,张明华,等. 基于深度学习的单目深度估计技术综述［J］. 中国图象图形学报,2022,27 (2):292 - 328.

［72］ 罗会兰,周逸风. 深度学习单目深度估计研究进展［J］. 中国图象图形学报,2022,27(2):390 - 403.

［73］ 张广军. 视觉测量[M]. 北京:科学出版社,2008.

［74］ Cui Y, Zhou F, Wang Y, et al. Precise calibration of binocular vision system used for vision measurement ［J］. Optics Express, 2014,22(8):9134 - 9149.

［75］ Brandt R, Strisciuglio N, Petkov N, et al. Efficient binocular stereo correspondence matching with 1-D Max-Trees ［J］. Pattern Recognition Letters, 2020,135:402 - 408.

［76］ 于起峰,尚洋. 摄像测量学原理与应用研究[M]. 北京:科学出版社,2009.

［77］ 姚荣斌,丁尚文,李生权,等. 基于三目视觉的航天器交会对接位姿测量方法研究［J］. 空间科学学报,2011,31(4):527 - 533.

［78］ 别梓钒,张瑞,李维诗. 多目视觉测量系统的光束法平差改进［J］. 计测技术,2021,41(4):23 - 27.

［79］ Wierzbicki D. Multi-camera imaging system for UAV photogrammetry ［J］. Sensors, 2018,18:2433.

［80］ 丁少闻,张小虎,于起峰,等. 非接触式三维重建测量方法综述［J］. 激光与光电子学进展,2017,54 (7):27 - 41.

［81］ 李玥华,赵勃冲,胡泊,等. 一种线结构光振镜扫描测量系统通用标定方法［J］. 光学学报,2022,42 (10):129 - 138.

［82］ 纪运景,杜思月,宋旸,等. 基于线结构光旋转扫描和光条纹修复的三维视觉测量技术研究［J］. 红外与激光工程,2022,51(2):470 - 478.

［83］ Chen S, Su C, Liu J, et al. Flatness measurement of platform screen system welding assembly using stereo vision and grid pattern projector ［J］. IEEE Sensors Journal, 2022,22(1):948 - 958.

［84］ 程银宝,赵一帆,罗哉,等. 面结构光测量曲面特征的不确定度评估［J］. 光学精密工程,2022,30 (17):2039 - 2049.

［85］ 郭文博,张启灿,吴周杰. 基于相移条纹分析的实时三维成像技术发展综述［J］. 激光与光电子学进展,2021,58(8):9 - 27.

［86］ Xu J, Zhang S. Status, challenges, and future perspectives of fringe projection profilometry ［J］. Optics and Lasers in Engineering, 2020,135:106193.

［87］ Denavit J, Hartenberg R. A kinematic notation for lower-pair mechanisms based on matrices ［J］. ASME Journal of Applied Mechanics, 1955,22:215 - 221.

［88］ He W, Ge W, Li Y, et al. Model identification and control design for a humanoid robot ［J］. IEEE Transactions on Systems, Man, and Cybernetics: Systems, 2017,47(1):45 - 57.

［89］ 郭瑞峰,彭光宇,杨柳,等. 基于 MDH 模型的新型混联码垛机器人运动学分析与仿真［J］. 机械传动, 2017,41(02):122 - 127＋138.

［90］ Rocha C R, Tonetto C P, Dias A. A comparison between the Denavit-Hartenberg and the screw-based methods used in kinematic modeling of robot manipulators ［J］. Robotics and Computer-Integrated Manufacturing, 2011,27(4):723 - 728.

［91］ Wang S, Luo X, Luo Q, et al. Existence conditions and general solutions of closed-form inverse kinematics for revolute serial robots ［J］. Applied Sciences, 2019,9:4365.

［92］ Zaplana I, Basanez L. A novel closed-form solution for the inverse kinematics of redundant manipulators through workspace analysis ［J］. Mechanism and Machine Theory, 2018,121:829 - 843.

［93］ Zaplana I, Hadfield H, Lasenby J. Closed-form solutions for the inverse kinematics of serial robots using conformal geometric algebra ［J］. Mechanism and Machine Theory, 2022,173:104835.

［94］ Jiokou Kouabon A G, Melingui A, Mvogo Ahanda J J B, et al. A learning framework to inverse kinematics of high DOF redundant manipulators ［J］. Mechanism and Machine Theory, 2020,153:103978.

［95］ Lloyd S, Irani R A, Ahmadi M. Fast and robust inverse kinematics of serial robots using Halley's method ［J］. IEEE Transactions on Robotics, 2022,38(5):2768-2780.

［96］ Aristidou A, Lasenby J, Chrysanthou Y, et al. Inverse kinematics techniques in computer graphics: A survey ［J］. Computer Graphics Forum, 2018,37(6):35-58.

［97］ Wang L C, Chen C. A combined optimization method for solving the inverse kinematics problems of mechanical manipulators ［J］. IEEE Transactions on Robotics and Automation, 1991,7(4):489-499.

［98］ Marić F, Giamou M, Hall A W, et al. Riemannian optimization for distance-geometric inverse kinematics ［J］. IEEE Transactions on Robotics, 2022,38(3):1703-1722.

［99］ Sugihara T. Solvability-unconcerned inverse kinematics by the Levenberg-Marquardt method ［J］. IEEE Transactions on Robotics, 2011,27(5):984-991.

［100］ 方勇纯.机器人视觉伺服研究综述［J］.智能系统学报,2008,2:109-114.

［101］ 赖颖杰,张世昂,朱立学.面向采摘机器人的视觉伺服控制技术研究进展［J］.农业工程,2022,12(6):49-54.

［102］ 贾丙西,刘山,张凯祥,等.机器人视觉伺服研究进展:视觉系统与控制策略［J］.自动化学报,2015,41(5):861-873.

［103］ Dong G, Hu Z H. Incremental visual servo control of robotic manipulator for autonomous capture of non-cooperative target ［J］. Advanced Robotics, 2016,30(22):1458-1465.

［104］ Ibarguren A, Martinez-Otzeta J M, Maurtua I. Particle filtering for industrial 6DOF visual servoing ［J］. Journal of Intelligent & Robotic Systems, 2014,74(3-4):689-696.

［105］ Abdelaal M, Farag R M A, Saad M S, et al. Uncalibrated stereo vision with deep learning for 6-DOF pose estimation for a robot arm system ［J］. Robotics and Autonomous Systems, 2021, 145:103847.

［106］ 徐德.单目视觉伺服研究综述［J］.自动化学报,2018,44(10):1729-1746.

［107］ Tahri O, Chaumette F. Point-based and region-based image moments for visual servoing of planar objects ［J］. IEEE Transactions on Robotics, 2005,21(6):1116-1127.

［108］ Wang H, Yang B, Wang J, et al. Adaptive visual servoing of contour features ［J］. IEEE/ASME Transactions on Mechatronics, 2018,23(2):811-822.

［109］ Malis E, Chaumette F, Boudet S. 2-1/2-D visual servoing ［J］. IEEE Transactions on Robotics and Automation, 1999,15(2):238-250.

［110］ Hu G, Gans N, Fitz-Coy N, et al. Adaptive homography-based visual servo tracking control via a quaternion formulation ［J］. IEEE Transactions on Control Systems Technology, 2010,18(1):128-135.

［111］ Tsai C Y, Wong C C, Yu C J, et al. A hybrid switched reactive-based visual servo control of 5-DOF robot manipulators for pick-and-place tasks ［J］. IEEE Systems Journal, 2015,9(1):119-130.

［112］ 席裕庚,李德伟,林姝.模型预测控制:现状与挑战［J］.自动化学报,2013,39(3):222-236.

［113］ Qi R, Tang Y, Zhang K. An optimal visual servo trajectory planning method for manipulators based on system nondeterministic model ［J］. Robotica, 2022,40(6):1665-1681.

［114］ Tsai R Y, Lenz R K. A new technique for fully autonomous and efficient 3D robotics hand/eye calibration ［J］. IEEE Transactions on Robotics and Automation, 1989,5(3):345-358.

［115］ Park F C, Martin B J. Robot sensor calibration: solving AX=XB on the Euclidean group ［J］. IEEE Transactions on Robotics and Automation, 2002,10(5):717-721.

［116］ Chou J C K, Kamel M. Finding the position and orientation of a sensor on a robot manipulator using quaternions ［J］. International Journal of Robotics Research, 1991,10(3):240-254.

［117］ Liang R H, Mao J F. Hand-eye calibration with a new linear decomposition algorithm ［J］. Journal of Zhejiang University (Science A: An International Applied Physics & Engineering Journal), 2008, 10:1363-1368.

[118] Daniilidis K. Hand-eye calibration using dual quaternions [J]. International Journal of Robotics Research, 1999, 18(3):286 – 298.

[119] Heller J, Havlena M, Pajdla T. Globally optimal hand-eye calibration using branch-and-bound [J]. IEEE Transactions on Pattern Analysis and Machine Intelligence, 2016, 38(5):1027 – 1033.

[120] Koide K, Menegatti E. General hand-eye calibration based on reprojection error minimization [J]. IEEE Robotics and Automation Letters, 2019, 4(2):1021 – 1028.

[121] Qiu S, Wang M, Kermani M R. A new formulation for hand-eye calibrations as point-set matching [J]. IEEE Transactions on Instrumentation and Measurement, 2020, 69(9):6490 – 6498.

[122] Pedrosa E, Oliveira M, Lau N, et al. A general approach to hand-eye calibration through the optimization of atomic transformations [J]. IEEE Transactions on Robotics, 2021, 37(5):1619 – 1633.

[123] 马清华, 燕必希, 董明利, 等. 最小化重投影误差的手眼标定优化算法[J]. 激光杂志, 2021, 42(1): 104 – 108.

[124] Zou Y, Lan R. An end-to-end calibration method for welding robot laser vision systems with deep reinforcement learning [J]. IEEE Transactions on Instrumentation and Measurement, 2020, 69(7):4270 – 4280.

[125] Pachtrachai K, Vasconcelos F, Edwards P, et al. Learning to calibrate — estimating the hand-eye transformation without calibration objects [J]. IEEE Robotics and Automation Letters, 2021, 6(4):7309 – 7316.

[126] Xiao R, Xu Y, Hou Z, et al. A novel visual guidance framework for robotic welding based on binocular cooperation [J]. Robotics and Computer-Integrated Manufacturing, 2022, 78:102393.

[127] Qin Z, Wang P, Sun J, et al. Precise robotic assembly for large-scale objects based on automatic guidance and alignment [J]. IEEE Transactions on Instrumentation and Measurement, 2016, 65(6):1398 – 1411.

[128] Ayyad A, Halwani M, Swart D, et al. Neuromorphic vision based control for the precise positioning of robotic drilling systems [J]. Robotics and Computer-Integrated Manufacturing, 2023, 79:102419.

[129] Botta A, Cavallone P, Baglieri L, et al. Review of robots, perception, and tasks in precision agriculture [J]. Applied Mechanics, 2022, 3:830 – 854.

[130] Si Y, Liu G, Feng J. Location of apples in trees using stereoscopic vision [J]. Computers and Electronics in Agriculture, 2015, 112:68 – 74.

[131] Lottes P, Hörferlin M, Sander S, et al. Effective vision-based classification for separating sugar beets and weeds for precision farming [J]. Journal of Field Robotics, 2017, 34:1160 – 1178.

[132] Liu Y, Noguchi N, Liang L. Development of a positioning system using UAV-based computer vision for an airboat navigation in paddy field [J]. Computers and Electronics in Agriculture, 2019, 162:126 – 133.

[133] Chen A I, Balter M L, Maguire T J, et al. Deep learning robotic guidance for autonomous vascular access [J]. Nature Machine Intelligence, 2020, 2:104 – 115.

[134] Wang J, Yue C, Wang G, et al. Task autonomous medical robot for both incision stapling and staples removal [J]. IEEE Robotics and Automation Letters, 2022, 7(2):3279 – 3285.

[135] Moghaddam B M, Chhabra R. On the guidance, navigation and control of in-orbit space robotic missions: A survey and prospective vision [J]. Acta Astronautica, 2021, 184:70 – 100.

[136] Ha Q P, Yen L, Balaguer C. Robotic autonomous systems for earthmoving in military applications [J]. Automation in Construction, 2019, 107:102934.

第 2 章

机器人视觉导引理论基础

为了阐明机器人视觉导引技术的关键理论基础,本章首先从总体上介绍机器人视觉导引系统的基本架构,建立机器人视觉成像与空间目标测量的数学模型。而后推导单目、双目、多目、结构光等不同视觉测量系统的三维测量理论,介绍基于特征点和基于点云配准的目标位姿估计理论。最后,介绍机器人正运动学与逆运动学理论模型,并以关节机器人为例推导正逆运动学的分析方法,并通过 Simulink 与 ADAMS 联合仿真进行验证。

2.1 机器人视觉系统理论模型

2.1.1 机器人视觉系统基本架构

机器人视觉导引涉及计算机视觉、机器人技术和自动控制理论等多个领域。如图 2.1 所示,典型的机器人视觉导引系统主要由视觉测量系统、机器人系统、控制系统三部分组成[1]。其中:视觉测量系统通过图像获取、处理与分析提取感兴趣目标的位姿信息,控制系统结合机器人状态参数与目标位姿反馈实现最优轨迹规划,机器人系统在伺服回路控制下运动至目标所在区域,并执行抓取、分拣、码垛、焊接等多样化的作业任务[2,3]。总体而言,机器人视觉导引通过"感兴趣目标→视觉测量系统→控制系统→机器人系统"的信息传递链路,构建以机器人运动学为基础、以视觉感知反馈为核心的集成控制体系。

机器人视觉导引过程通常涉及视觉测量坐标系 $O_V - X_V Y_V Z_V (V)$、机器人基坐标系 $O_{RB} - X_{RB} Y_{RB} Z_{RB} (RB)$、机器人末端坐标系 $O_{RH} - X_{RH} Y_{RH} Z_{RH}$ (RH)、世界坐标系 $O_W - X_W Y_W Z_W (W)$ 之间的数据转换与信息传递。对于单

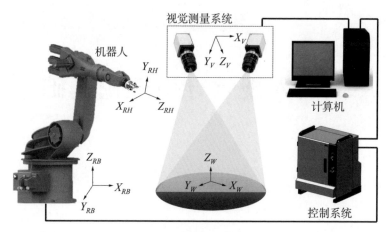

图 2.1　机器人视觉系统基本架构

目、双目、多目或结构光视觉导引系统,定义视觉测量坐标系 $O_C - X_C Y_C Z_C (C)$ 与系统中任意一台相机的坐标系重合。机器人基坐标系 $O_{RB} - X_{RB} Y_{RB} Z_{RB}$ 固定在机器人的安装基座上,而末端坐标系 $O_{RH} - X_{RH} Y_{RH} Z_{RH}$ 为局部坐标系,其空间位姿会随机器人末端运动产生变化。世界坐标系 $O_W - X_W Y_W Z_W$ 定义在三维目标空间内,是将机器人视觉系统作为整体考虑的自定义坐标系,可针对应用环境或计算需求进行灵活调整。

2.1.2　相机成像模型

相机作为构建视觉测量系统的核心器件,其功能在于从特定视角下拍摄三维空间物体的图像。数字图像包含三维物方空间到二维像方平面的映射关系,其中任意像素在像平面上的位置对应于空间物体表面某点的几何位置,该像素记录的灰度反映着从对应空间点返回的光强度。这种从高维空间到低维空间的映射关系称为几何投影,是通过图像分析反演三维模型的理论基础。

2.1.2.1　透视投影成像模型

主流的相机成像模型大多遵循中心透视投影关系,即假设物体表面的反射或散射光线均经过光心(也称投影中心)而到达像平面[4]。根据光线沿直线传播的性质,投影过程中物点、光心及对应像点必然满足共线关系。由于中心透视投影会在像平面上产生物体的倒像,在理论建模时通常引入一个与像平面共轭的虚拟像平面。虚拟像平面与实际像平面之间存在关于光心的中心对称关系,故实际像平面上形成的倒像等效为虚拟像平面上形成的正像,如图 2.2 所示。

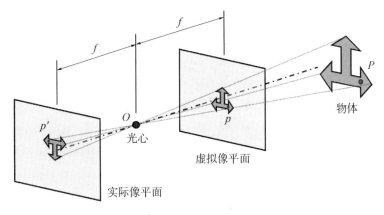

图 2.2　基于透视投影的相机成像模型

根据透视投影成像模型,相机的中心轴线(光轴)、物点 P 到像点 p 的投影光线、物点 P 与像点 p 到光轴的垂线可以构成相似三角形。因此,物点 P 到光轴的距离 D 与像点 p 到光轴的距离 d 之间满足以下基本关系:

$$\frac{D}{Z} = \frac{d}{f} \tag{2.1}$$

式中,f 为焦距,即光心 O 到像平面的距离;Z 为物点的深度,即物点 P 到光心 O 的轴向距离。

为了深入揭示图像位置与物体位置之间的几何关系,相机成像模型涉及多个坐标系之间的相互转换,包括世界坐标系 $O_w - X_w Y_w Z_w$、相机坐标系 $O_c - X_c Y_c Z_c$、图像坐标系 $o - xy$、像素坐标系 $l - uv$、归一化图像坐标系 $o_n - x_n y_n$。

如图 2.3 所示,像素坐标系以图像左上角的像素位置 l 为原点,以横坐标 u 和纵坐标 v 分别表示任意像素在图像中所处的列数和行数,且以像素为坐标单位;图像坐标系的原点定义为光轴与像平面的交点 o(图像主点),其横坐标 x 轴和纵坐标 y 轴分别平行于像素坐标系的 u 轴和 v 轴;归一化图像坐标系的原点定义为光轴与单位平面(与光心相距 1 个物理单位)的交点 o_n,该坐标系由图像坐标系尺度缩放而来,两者的对应坐标轴之间满足相互平行关系;相机坐标系的原点 O_c 设为相机的光心位置 O,Z_c 轴与相机的光轴方向保持重合,且 X_c 轴和 Y_c 轴分别平行于图像坐标系的 x 轴和 y 轴。

给定任意物点 P,在相机坐标系下三维坐标记为 $[X_c, Y_c, Z_c]^\mathrm{T}$,其对应

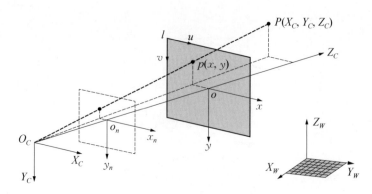

图 2.3 相机成像模型涉及的坐标系

像点 p 在图像坐标系和像素坐标系下二维坐标分别记为 $[x,y]^\mathrm{T}$ 和 $[u,v]^\mathrm{T}$。结合图像坐标系的定义,像点 p 的图像坐标 $[x,y]^\mathrm{T}$ 与像素坐标 $[u,v]^\mathrm{T}$ 转换关系为

$$\begin{bmatrix} u \\ v \end{bmatrix} = \begin{bmatrix} 1/\mathrm{d}x & 0 \\ 0 & 1/\mathrm{d}y \end{bmatrix} \begin{bmatrix} x \\ y \end{bmatrix} + \begin{bmatrix} u_0 \\ v_0 \end{bmatrix} \tag{2.2a}$$

$$\begin{bmatrix} x \\ y \end{bmatrix} = \begin{bmatrix} \mathrm{d}x & 0 \\ 0 & \mathrm{d}y \end{bmatrix} \begin{bmatrix} u \\ v \end{bmatrix} - \begin{bmatrix} u_0\mathrm{d}x \\ v_0\mathrm{d}y \end{bmatrix} \tag{2.2b}$$

式中,$\mathrm{d}x$ 和 $\mathrm{d}y$ 分别为单个像素在 x 轴方向和 y 轴方向的物理尺寸;$[u_0,v_0]^\mathrm{T}$ 为图像主点 o 的像素坐标。

依据透视投影成像模型包含的三角相似性关系,像点 p 的归一化图像坐标 $[x_n,y_n]^\mathrm{T}$ 与图像坐标 $[x,y]^\mathrm{T}$ 之间满足以下关系:

$$\begin{bmatrix} x_n \\ y_n \end{bmatrix} = \frac{1}{f} \begin{bmatrix} x \\ y \end{bmatrix} \tag{2.3}$$

结合式(2.1)给出的基本关系,物点 P 的相机坐标系坐标 $[X_C,Y_C,Z_C]^\mathrm{T}$ 与像点 p 的齐次归一化图像坐标 $[x_n,y_n,1]^\mathrm{T}$ 满足比例缩放关系,即

$$\begin{bmatrix} X_C \\ Y_C \\ Z_C \end{bmatrix} = Z_C \begin{bmatrix} x_n \\ y_n \\ 1 \end{bmatrix} \tag{2.4}$$

综合式(2.2)~式(2.4),建立从物点 P 的相机坐标系坐标 $[X_C,Y_C,Z_C]^\mathrm{T}$ 到像点 p 的像素坐标 $[u,v]^\mathrm{T}$ 的映射关系,表示为矩阵形式:

$$Z_C \begin{bmatrix} u \\ v \\ 1 \end{bmatrix} = \begin{bmatrix} f_x & 0 & u_0 & 0 \\ 0 & f_y & v_0 & 0 \\ 0 & 0 & 1 & 0 \end{bmatrix} \begin{bmatrix} X_C \\ Y_C \\ Z_C \\ 1 \end{bmatrix} \tag{2.5}$$

式中，f_x 和 f_y 分别为相机在 x 轴和 y 轴方向上的等效焦距。

显然，式(2.5)给出的物像映射关系仅与相机的焦距、主点、像素尺寸等固有参数有关，这些参数共同构成相机的内参矩阵 A：

$$A = \begin{bmatrix} f_x & \gamma & u_0 \\ 0 & f_y & v_0 \\ 0 & 0 & 1 \end{bmatrix} = \begin{bmatrix} f/d_x & \gamma & u_0 \\ 0 & f/d_y & v_0 \\ 0 & 0 & 1 \end{bmatrix} \tag{2.6}$$

式中，γ 为 u 轴和 v 轴的相对倾斜因子，用以补偿式(2.5)未考虑的误差因素。

此外，相机坐标系与世界坐标系之间的相对关系可以分解为一次旋转和一次平移，分别由旋转矩阵 $\boldsymbol{R}_C^W$ 和平移矩阵 $\boldsymbol{T}_C^W$ 描述。故点 P 的世界坐标 $[X_W, Y_W, Z_W]^T$ 与其相机坐标系坐标 $[X_C, Y_C, Z_C]^T$ 之间满足：

$$\begin{bmatrix} X_C \\ Y_C \\ Z_C \end{bmatrix} = \boldsymbol{R}_C^W \begin{bmatrix} X_W \\ Y_W \\ Z_W \end{bmatrix} + \boldsymbol{T}_C^W \tag{2.7}$$

若 $\boldsymbol{0}$ 表示 3×1 的零向量，则将式(2.6)和(2.7)代入式(2.5)可得：

$$Z_C \begin{bmatrix} u \\ v \\ 1 \end{bmatrix} = \begin{bmatrix} A & \boldsymbol{0} \end{bmatrix} \begin{bmatrix} \boldsymbol{R}_C^W & \boldsymbol{T}_C^W \\ \boldsymbol{0}^T & 1 \end{bmatrix} \begin{bmatrix} X_W \\ Y_W \\ Z_W \\ 1 \end{bmatrix} = \boldsymbol{M} \begin{bmatrix} X_W \\ Y_W \\ Z_W \\ 1 \end{bmatrix} \tag{2.8}$$

式中，$\boldsymbol{M}$ 为 3×4 阶矩阵。该矩阵由包含内部参数 A 的内参矩阵以及包含外部参数 $\boldsymbol{R}_C^W$ 和 $\boldsymbol{T}_C^W$ 的外参矩阵构成，称为相机的投影矩阵。

2.1.2.2 非线性镜头畸变模型

由于镜头设计的复杂性和工艺水平等因素的影响，实际上相机无法严格满足透视投影成像模型，而是存在一定的镜头畸变效应。相机的镜头畸变分为径向畸变和切向畸变，其中径向畸变的影响最为严重。已有研究表明[5,6]：镜头的畸变程度完全取决于径向分量的大小，引入过多参数项的校正模型也无法提高测量精度。因此,通常仅考虑镜头的前两项径向畸变即可。

一般地,根据基于多项式拟合的镜头畸变模型,图像内某像点 p 的理论图像坐标 $[x, y]^T$ 与受到畸变影响的实际图像坐标 $[x_d, y_d]^T$ 之间满足以下关系:

$$\begin{cases} x_d = x + x[k_1(x^2 + y^2) + k_2(x^2 + y^2)^2] \\ y_d = y + y[k_1(x^2 + y^2) + k_2(x^2 + y^2)^2] \end{cases} \tag{2.9}$$

式中,k_1 和 k_2 分别为一阶畸变系数和二阶畸变系数。

式(2.9)仅能提供从理论图像坐标到畸变图像坐标的正向映射关系,但实际应用往往要求从采集图像提取的畸变坐标反向求解理论坐标,进而代入透视投影成像模型。求解理论图像坐标属于非线性问题,无法直接利用上述正向映射关系计算。因此,比较合理的解决方法是结合递归思想逐渐地逼近理论图像坐标的最优解[7],具体过程描述为

$$\begin{bmatrix} x \\ y \end{bmatrix} \approx \begin{bmatrix} x_d \\ y_d \end{bmatrix} - \Delta\left(\begin{bmatrix} x \\ y \end{bmatrix}\right) \approx \begin{bmatrix} x_d \\ y_d \end{bmatrix} - \Delta\left(\begin{bmatrix} x_d \\ y_d \end{bmatrix} - \Delta\left(\begin{bmatrix} x \\ y \end{bmatrix}\right)\right) \approx \cdots \tag{2.10}$$

$$\Delta\left(\begin{bmatrix} x \\ y \end{bmatrix}\right) = \begin{bmatrix} k_1 x(x^2 + y^2) + k_2 x(x^2 + y^2)^2 \\ k_1 y(x^2 + y^2) + k_2 y(x^2 + y^2)^2 \end{bmatrix} \tag{2.11}$$

式中,$\Delta(\cdot)$ 表示括号内包含的图像坐标与理论图像坐标之间的偏差量。为了校正相对严重的镜头畸变,通常要求执行三至四次递归运算[8]。如无特殊说明,后续章节涉及的图像坐标和像素坐标均已去除镜头畸变的影响。

2.1.3 视觉测量模型

根据硬件配置形式的不同,机器人视觉测量系统的理论模型分为单目视觉测量模型、双目视觉测量模型、多目视觉测量模型等,如图 2.4(a)～(c)所示。单目视觉测量模型利用一台相机捕获目标的图像信息,同时结合目标自身的几何约束实现三维信息恢复功能,该模型适用于部分包含二维目标的应用场合。如图 2.4(a)所示,二维目标上任意一点 P 的三维坐标,可从其对应像点 p 逆向投影并与目标所在平面相交求得。双目视觉测量模型通过两台相机的协同工作,同步记录任意三维目标的立体图像对,再利用两幅图像的视差信息解算目标的三维形貌及位姿。如图 2.4(b)所示,三维目标上任意一点 P 被两台相机分别记录为像点 p_1 和 p_2,故从两个像点分别逆向投影并相交即可得到 P 的三维坐标。多目视觉测量模型在双目视觉测量模型的基础上引入更多数量的

相机,构建视场更大、可靠性更高、鲁棒性更强的多传感器测量网络。如图 2.4(c)所示,对任意目标点 P 的三维测量可通过其在不同视角下产生的同名像点 $\{p_1, p_2, p_3, \cdots\}$ 解算,其几何含义为从所有像点逆向投影得到的公共交点。

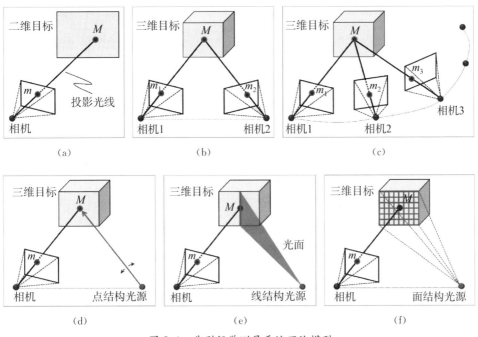

图 2.4　典型视觉测量系统理论模型

在许多工业应用场景中,被测目标可能存在结构对称、表面弱纹理等问题,单目/双目/多目视觉测量模型必然面临图像特征提取的模糊性及多视角匹配的歧义性,导致最终获取的三维信息不够准确可靠。常用解决方案是引入图 2.4(d)~(f)所示的结构光视觉测量模型,即通过结构光源向目标表面主动投射预先定义的点状、线状或面状图案,利用投射图案的先验信息消除立体匹配的歧义性,实现三维目标的合作测量功能。从光学原理来看,相机与结构光源(或称投影仪)满足对偶关系,即前者被动接收目标表面的反射或散射光线,而后者主动向目标表面发出投影光线;而从几何意义来看,相机与结构光源存在相似性和共通性,从前者和后者均能获取经过目标点的投影光线,为三维信息解算产生明确的共线约束。因此,结构光视觉测量模型可在数学层面上等效为双目/多目视觉测量模型,为建立统一框架下的视觉测量与位姿估计理论提供了重要依据。

2.2 视觉测量与位姿估计理论

2.2.1 三角测量理论

三角测量是绝大多数视觉测量系统的基本原理,其利用投影光线与特定平面或投影光线与投影光线之间的空间后方交会机制恢复三维坐标[9]。下面针对 2.1.3 节所述的各类模型,分别介绍相应的视觉测量三维重建原理,由此构建以三角测量理论为核心的视觉测量统一框架,为机器人视觉导引奠定必要的基础。

2.2.1.1 单目视觉测量原理

单目视觉测量利用单台相机对目标成像,同时结合目标的几何约束获取目标点的三维坐标,其实质是计算投影光线与目标所在平面的交点。应当指出,目标平面坐标系相对于相机坐标系的位姿需要依赖充分的先验条件或通过合适的标定方法获取,通过旋转矩阵 $\boldsymbol{R}_C^W$ 和平移向量 $\boldsymbol{T}_C^W$ 来描述。

若将世界坐标系的 $X_W O_W Y_W$ 平面定义在目标平面,则目标平面的法向量为 $\boldsymbol{N}_W = [0, 0, 1]^T$,其方程表示为

$$N_W^X X_W + N_W^Y Y_W + N_W^Z Z_W + N_W^D = 0 \tag{2.12}$$

式中,前三项系数 N_W^X、N_W^Y 和 N_W^Z 为法向量 $\boldsymbol{N}_W$ 的分量,最后一项系数 $N_W^D = 0$。

将目标平面转换至相机坐标系下,其方程系数可由旋转和平移变换得到:

$$\begin{bmatrix} N_C^X \\ N_C^Y \\ N_C^Z \\ N_C^D \end{bmatrix} = \begin{bmatrix} \boldsymbol{R}_C^W & \boldsymbol{T}_C^W \\ \boldsymbol{0}^T & 1 \end{bmatrix}^{-T} \begin{bmatrix} N_W^X \\ N_W^Y \\ N_W^Z \\ N_W^D \end{bmatrix} \tag{2.13}$$

此时目标平面方程表示为

$$N_C^X X_C + N_C^Y Y_C + N_C^Z Z_C + N_C^D = 0 \tag{2.14}$$

式中,前三项系数 N_C^X、N_C^Y 和 N_C^Z 为法向量 $\boldsymbol{N}_C$ 的分量;N_C^D 为相机坐标系原点 O_C 到目标平面的距离。

给定目标平面内任意一点 P,其像点 p 的像素坐标为 $[u, v]^T$。根据透视

投影成像模型,可得像点 p 对应的投影光线方向为

$$
\begin{bmatrix} L_C^X \\ L_C^Y \\ L_C^Z \end{bmatrix} = \mathbf{A}^{-1} \begin{bmatrix} u \\ v \\ 1 \end{bmatrix}
\tag{2.15}
$$

又因为投影光线必定经过相机光心 O_C,投影光线方程表示为

$$
\frac{X_C}{L_C^X} = \frac{Y_C}{L_C^Y} = \frac{Z_C}{L_C^Z}
\tag{2.16}
$$

通过联立式(2.14)和式(2.16),在相机坐标系下求解投影光线与目标平面的交会位置,得到点 P 的三维坐标:

$$
\begin{bmatrix} X_C \\ Y_C \\ Z_C \end{bmatrix} = \left(-\frac{N_C^D}{N_C^X L_C^X + N_C^Y L_C^Y + N_C^Z L_C^Z} \right) \begin{bmatrix} L_C^X \\ L_C^Y \\ L_C^Z \end{bmatrix}
\tag{2.17}
$$

2.2.1.2　双目视觉测量原理

双目视觉测量利用两台相机从不同视角拍摄目标图像,依次通过图像校正、立体匹配、视差计算和深度估计等步骤求解目标点的三维坐标。作为双目视觉测量的重要前提,两台相机 1 和 2 的内参矩阵(记为 $\mathbf{A}_1$ 和 $\mathbf{A}_2$)和相对位置关系(由旋转矩阵 $\mathbf{R}_1^2$ 和和平移向量 $\mathbf{T}_1^2$ 描述)必须预先标定,具体方法见第 3 章。从三角测量理论的角度来看,目标位置的三维重建通过两幅图像内对应像点的投影光线进行后向交会实现,即求解空间直线与空间直线的交点位置。

对于三维空间内任意一点 P,两幅相机对其所成像点 p_1 和 p_2 的像素坐标分别为 $[u_1, v_1]^T$ 和 $[u_2, v_2]^T$。通过式(2.15)给出的透视投影关系,求解同名像点 p_1 和 p_2 在各自相机坐标系下的投影光线方向。假设相机 1 坐标系为测量坐标系,则像点 p_2 对应的投影光线需要从相机 2 坐标系转换至相机 1 坐标系,由此得到两条投影光线的方向向量 $[L_C^{X1}, L_C^{Y1}, L_C^{Z1}]^T$ 和 $[L_C^{X2}, L_C^{Y2}, L_C^{Z2}]^T$,表示为

$$
\begin{bmatrix} L_C^{X1} \\ L_C^{Y1} \\ L_C^{Z1} \end{bmatrix} = \mathbf{A}_1^{-1} \begin{bmatrix} u_1 \\ v_1 \\ 1 \end{bmatrix}, \quad \begin{bmatrix} L_C^{X2} \\ L_C^{Y2} \\ L_C^{Z2} \end{bmatrix} = \mathbf{R}_1^2 \mathbf{A}_2^{-1} \begin{bmatrix} u_2 \\ v_2 \\ 1 \end{bmatrix}
\tag{2.18}
$$

像点 p_1 和 p_2 对应投影光线分别经过相机 1 和相机 2 的光心,其中前者为

测量坐标系的原点,而后者在测量坐标系内的位置为 $\boldsymbol{T}_1^2$。 在统一的测量坐标系下将两条投影光线的方程联立得到:

$$\begin{cases} \dfrac{X_C}{L_C^{X1}} = \dfrac{Y_C}{L_C^{Y1}} = \dfrac{Z_C}{L_C^{Z1}} \\[3mm] \dfrac{X_C - T_{X1}^{X2}}{L_C^{X2}} = \dfrac{Y_C - T_{Y1}^{Y2}}{L_C^{Y2}} = \dfrac{Z_C - T_{Z1}^{Z2}}{L_C^{Z2}} \end{cases} \tag{2.19}$$

其中,T_{X1}^{X2}、T_{Y1}^{Y2} 和 T_{Z1}^{Z2} 为平移向量 $\boldsymbol{T}_1^2$ 的分量。由此推导点 P 的三维坐标为

$$\begin{bmatrix} X_C \\ Y_C \\ Z_C \end{bmatrix} = \left(\frac{L_C^{X1} T_{Y1}^{Y2} - L_C^{Y1} T_{X1}^{X2}}{L_C^{Y1} L_C^{X2} - L_C^{X1} L_C^{Y2}} \right) \begin{bmatrix} L_C^{X2} \\ L_C^{Y2} \\ L_C^{Z2} \end{bmatrix} + \begin{bmatrix} T_{X1}^{X2} \\ T_{Y1}^{Y2} \\ T_{Z1}^{Z2} \end{bmatrix} \tag{2.20}$$

2.2.1.3 多目视觉测量原理

多目视觉测量原理与双目视觉测量原理类似,其区别在于利用三台及以上的相机同时拍摄目标图像,通过多视角图像立体匹配方法提取同名像点序列,再结合不同视角的投影光线方向确定目标位置。换而言之,目标位置的三维重建由两条投影光线的空间交会问题变为多条投影光线的空间交会问题。

假设多目视觉测量系统采用 m 台布置在不同方位的相机,每台相机的内参矩阵 $\boldsymbol{A}_i (i=1,2,\cdots,m)$ 及每对相机的相对旋转矩阵 $\boldsymbol{R}_i^j$ 和相对平移向量 $\boldsymbol{T}_i^j (j \neq i$ 且 $j=1,2,\cdots,m)$ 均须预先标定,具体方法见第 3 章。给定三维空间内任意一点 P,在每台相机视角下产生的像点记为 p_i。根据与式(2.18)类似的方法,由像点 p_i 的像素坐标 $[u_i,v_i]^T$ 计算对应的投影光线方向 $[L_C^{Xi},L_C^{Yi},L_C^{Zi}]^T$。按照式(2.19)的方法构建多视角投影光线的线性方程组,其矩阵形式表示为

$$\begin{bmatrix} L_C^{Z1} & 0 & -L_C^{X1} \\ 0 & L_C^{Z1} & -L_C^{Y1} \\ L_C^{Z2} & 0 & -L_C^{X2} \\ 0 & L_C^{Z2} & -L_C^{Y2} \\ L_C^{Z3} & 0 & -L_C^{X3} \\ 0 & L_C^{Z3} & -L_C^{Y3} \\ \vdots & \vdots & \vdots \\ L_C^{Zm} & 0 & -L_C^{Xm} \\ 0 & L_C^{Zm} & -L_C^{Ym} \end{bmatrix} \begin{bmatrix} X_C \\ Y_C \\ Z_C \end{bmatrix} = \begin{bmatrix} 0 \\ 0 \\ L_C^{Z2} T_{X1}^{X2} - L_C^{X2} T_{Z1}^{Z2} \\ L_C^{Z2} T_{Y1}^{Y2} - L_C^{Y2} T_{Z1}^{Z2} \\ L_C^{Z3} T_{X2}^{X3} - L_C^{X3} T_{Z2}^{Z3} \\ L_C^{Z3} T_{Y2}^{Y3} - L_C^{Y3} T_{Z2}^{Z3} \\ \vdots \\ L_C^{Zm} T_{X(m-1)}^{Xm} - L_C^{Xm} T_{Z(m-1)}^{Zm} \\ L_C^{Zm} T_{Y(m-1)}^{Ym} - L_C^{Ym} T_{Z(m-1)}^{Zm} \end{bmatrix} \tag{2.21}$$

由于测量过程中可能存在像点提取定位误差、相机参数标定误差等因素的影响,不同视角的投影光线无法严格相交在点 P 所在位置,而是各自存在一定的偏差。因此,一般采用最小二乘法求解式(2.21)给出的超定线性方程组,从而保证多视角投影光线的空间交会点到所有投影光线的距离平方和最小。

2.2.1.4　结构光视觉测量原理

结构光测量的本质是将经过调制的结构光场(已知)加入目标所在的自然光场(未知),通过结构光场的几何或相位变化来解算目标的三维形貌,实现从已知到未知的信息推断。前面已经提到,点、线、面结构光源均可通过逆向相机模型来表征,它们分别对应着包含一个像素、一行或一列像素、多行且多列像素的逆向相机。不同于正常相机,逆向相机不是被动接收从目标返回的光线,而是按照既定的方向和规律主动发射光线。但从三角测量理论的角度来看,结构光视觉测量系统利用相机的投影光线和逆向相机的发射光线,构建空间后方交会的约束关系,与双目/多目视觉测量系统具有很强的相似性和类比性。为了充分阐述结构光视觉测量原理,假设相机的内参矩阵 $\boldsymbol{A}$ 及其与结构光源的相对位置关系(由旋转矩阵 $\boldsymbol{R}_C^S$ 和平移向量 $\boldsymbol{T}_C^S$ 描述)均已预先标定。

1) 点结构光测量原理

对于点结构光视觉测量系统而言,结构光源沿着指定方向发射激光并在目标表面形成光斑,相机采集到该光斑的图像并提取其中心像点的像素坐标。一方面,已知在光源坐标系下发射光线的方向向量,将其转换至相机坐标系下可得 $[L_C^{XS}, L_C^{YS}, L_C^{ZS}]^T$;另一方面,从相机捕获的像点位置计算其对应投影光线的方向向量,表示为 $[L_C^X, L_C^Y, L_C^Z]^T$。因此,通过联立发射光线方程和投影光线方程可以确定被光斑照射的目标点 P,其三维坐标解算方法与式(2.20)类似,表示为

$$\begin{bmatrix} X_C \\ Y_C \\ Z_C \end{bmatrix} = \left(\frac{L_C^X T_{YC}^{YS} - L_C^Y T_{YC}^{XS}}{L_C^Y L_C^{XS} - L_C^X L_C^{YS}} \right) \begin{bmatrix} L_C^{XS} \\ L_C^{YS} \\ L_C^{ZS} \end{bmatrix} + \begin{bmatrix} T_{XC}^{XS} \\ T_{YC}^{YS} \\ T_{ZC}^{ZS} \end{bmatrix} \tag{2.22}$$

式中,T_{XC}^{XS}、T_{XC}^{XS} 和 T_{XC}^{XS} 为平移向量 $\boldsymbol{T}_C^S$ 的分量。

2) 线结构光测量原理

对于线结构光视觉测量系统而言,结构光源在指定平面内发射激光并在目标表面形成光条。光条经过相机成像后在图像上占据着细窄的矩形区域,

再通过光条中心提取算法可以准确定位光条对应的一系列像点位置。一方面,结构光源向目标发射的激光平面在光源坐标系下的法向量已知,将其转换至相机坐标系下可得$[N_C^{XS}, N_C^{YS}, N_C^{ZS}]^T$;另一方面,根据图像内光条所成的任意一个像点位置,均可计算对应投影光线的方向向量$[L_C^X, L_C^Y, L_C^Z]^T$。因此,目标点P的三维坐标可以通过联立投影光线方程与激光平面方程求解,其表达形式与式(2.17)类似,即

$$\begin{bmatrix} X_C \\ Y_C \\ Z_C \end{bmatrix} = \left(-\frac{N_C^{DS}}{N_C^{XS}L_C^X + N_C^{YS}L_C^Y + N_C^{ZS}L_C^Z} \right) \begin{bmatrix} L_C^X \\ L_C^Y \\ L_C^Z \end{bmatrix} \tag{2.23}$$

式中,N_C^{DS}为相机坐标系下激光平面方程的常数项,也与$\boldsymbol{R}_C^S$和$\boldsymbol{T}_C^S$有关。

3) 面结构光测量原理

对于面结构光视觉测量系统而言,结构光源向目标表面发射随机分布的点状光斑或经过编码的条纹图案,该图案受到目标空间形貌的调制作用而发生一定程度的弯曲变形,再根据相机拍摄的变形条纹信息解算被测目标的三维信息。采用随机结构光的测量原理与双目测量原理类似,其区别在于通过投射散斑引入额外的特征,为双目图像的快速准确匹配提供便利。

相比而言,采用编码结构光的测量方法在机器人视觉导引领域应用较多。此类方法通常结合时序编码策略,即在一定时间周期内,由光源向被测空间投射一系列明暗不同的结构光条纹,每次投影均被两台相机拍摄记录。在两台相机获取的多组条纹图像中,将被阴影覆盖的像素位置编码为 1 值,而未被覆盖的像素位置编码为 0 值。在此基础上,两组图像序列中每个像素位置均对应着唯一的、固定长度的二进制编码序列。显然,引入编码结构光可以将双目视觉的同名像点搜索匹配问题转变为查找具有相同编码序列的像素位置,从而通过与双目视觉测量类似的原理实现目标表面的三维重建。

2.2.2 位姿估计理论

2.2.2.1 位姿估计基本原理

位姿估计是指使用参数估计方法获取目标物体相对于机器人坐标系或其他参考坐标系的位置及姿态,其在三维重建、增强现实、机器人导航等领域均有重要应用[10, 11]。如图 2.5 所示,在利用视觉测量系统获取目标三维坐标的基础上,目标在空间中仍存在无数种可能的方位,因此必须准确调整机器人末

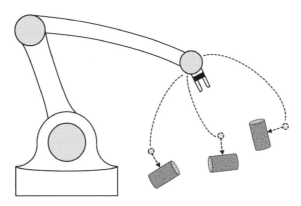

图 2.5 针对不同目标位姿的机器人导引策略

端工具的姿态,使其充分适应目标的方位变化。从信息维度来看,基于视觉的目标位姿估计方法可以分为二维位姿估计方法和三维位姿估计方法。

二维位姿估计方法根据二维图像信息来估计目标的姿态,一般通过单台相机即可实现。具体而言,该类方法采用投影映射策略建立三维目标和二维图像之间的对应关系,再结合图像中包含的结构、纹理、颜色等信息来估计目标姿态。传统的二维位姿估计方法先按照已知特征信息创建目标的三维模型,然后通过构建不同姿态的虚拟相机来仿真二维图像,最后通过评估仿真图像和实际图像的相似度来获取结果。另外一类逐渐流行的二维位姿估计方法,是先对实际的目标采集足够密集的样本图像并进行标记分类,而后通过机器学习方法训练样本并生成目标位姿估计器。显然,二维位姿估计方法容易受限于图像采样密度和模型泛化能力,在精度要求比较高的场合依赖繁重的图像采集和整理工作。

三维位姿估计方法包含两类:基于特征点的方法和基于点云配准的方法。基于特征点的方法首先获取足够数量特征点的图像坐标及其对应的三维坐标,将这些特征点的坐标对代入相机透视投影模型,即可估计目标在相机坐标系下的位姿矩阵。目前典型的实现方法包括比例正交投影迭代变化(pose from orthography and scaling with iterations,POSIT)算法[12] 和 PnP 算法[13, 14]。基于点云配准的方法首先利用两组点云的点到点距离、法线或曲率等几何对应关系进行配准,然后从两组点云间的匹配关系中解算目标的位姿及变化。该方法通常针对明显的目标特征进行配准以提升算法效率,如基于点云轮廓的位姿估计、基于点云表面的位姿估计、基于包围盒的位姿估计等。

2.2.2.2　基于特征点的位姿估计算法

1) POSIT 位姿估计算法

为了简化计算,设定目标坐标系 O_T - $X_TY_TZ_T$ 与世界坐标系 O_W - $X_WY_WZ_W$ 重合。结合 2.1.2 节的相机成像模型,目标坐标系相对于相机坐标系的位姿关系由旋转矩阵 $\boldsymbol{R}_C^T$ 和平移向量 $\boldsymbol{T}_C^T$ 来描述:

$$\boldsymbol{R}_C^T = \begin{bmatrix} r_{11} & r_{12} & r_{13} \\ r_{21} & r_{22} & r_{23} \\ r_{31} & r_{32} & r_{33} \end{bmatrix} = \begin{bmatrix} \boldsymbol{r}_1^T \\ \boldsymbol{r}_2^T \\ \boldsymbol{r}_3^T \end{bmatrix}, \quad \boldsymbol{t}_C^T = \begin{bmatrix} t_x \\ t_y \\ t_z \end{bmatrix} \tag{2.24}$$

位姿关系矩阵共含有 12 个未知量。其中,旋转矩阵的行向量依次代表相机坐标系各个轴的单位向量在目标坐标系下的三维坐标;旋转矩阵的列向量依次代表目标坐标系各个轴的单位向量在相机坐标系下的三维坐标;平移向量表示目标坐标系的原点在相机坐标系下的三维坐标。

POSIT 算法是一种从少量特征点的坐标对估计目标位姿的方法,其基本假设为:目标在相机坐标系 Z_C 方向的厚度远远小于其在 Z_C 方向的深度。定义任意特征点在像素坐标系、图像坐标系、相机坐标系、目标坐标系的齐次坐标分别为 $[u, v, 1]^T$、$[x, y, 1]^T$、$[X_C, Y_C, Z_C, 1]^T$ 和 $[X_T, Y_T, Z_T, 1]^T$。已知相机的内参矩阵 $\boldsymbol{A}$、特征点的像素坐标 $[u, v, 1]^T$ 和目标坐标 $[X_T, Y_T, Z_T, 1]^T$。根据相机的透视投影模型,在忽略相对倾斜因子 γ 的情况下,像素坐标与目标坐标的转换关系为

$$Z_C \begin{bmatrix} (u-u_0)d_x \\ (v-v_0)d_y \\ 1 \end{bmatrix} = Z_C \begin{bmatrix} x \\ y \\ 1 \end{bmatrix} = \begin{bmatrix} fX_C \\ fY_C \\ Z_C \end{bmatrix} = \begin{bmatrix} f\boldsymbol{r}_1^T & ft_x \\ f\boldsymbol{r}_2^T & ft_y \\ \boldsymbol{r}_3^T & t_z \end{bmatrix} \begin{bmatrix} X_T \\ Y_T \\ Z_T \\ 1 \end{bmatrix} \tag{2.25}$$

上式两边同时除以 t_z 得到:

$$a \begin{bmatrix} (u-u_0)d_x \\ (v-v_0)d_y \\ 1 \end{bmatrix} = \begin{bmatrix} b\boldsymbol{r}_1^T & bt_x \\ b\boldsymbol{r}_2^T & bt_y \\ \boldsymbol{r}_3^T/t_z & 1 \end{bmatrix} \begin{bmatrix} X_T \\ Y_T \\ Z_T \\ 1 \end{bmatrix} \tag{2.26}$$

由于目标的厚度远小于深度,式中的系数 a 和 b 可表示为

$$a = Z_C/t_z \approx 1, \; b = f/t_z \qquad (2.27)$$

显然,式(2.26)的第三行仅能表达未知变量之间的关系。如果将第三行去除,该式可以简化为

$$\begin{cases} a(u-u_0)d_x = br_{11}X_T + br_{12}Y_T + br_{13}Z_T + bt_x \\ a(v-v_0)d_y = br_{21}X_T + br_{22}Y_T + br_{23}Z_T + bt_y \end{cases} \qquad (2.28)$$

上式含有 br_{11}、br_{12}、br_{13}、br_{21}、br_{22}、br_{23}、bt_x、bt_y 8 个未知变量。给定一个特征点的图像坐标和目标坐标,由式(2.28)可以产生 2 个相互独立的方程,因此至少需要 4 个特征点的坐标对才能解算所有的未知量。需要注意的是,用于位姿估计的 4 个特征点不能共面,因为相互共面的点可被其他点线性表示。

在确定上述 8 个未知变量的基础上,利用旋转矩阵组成向量之间的单位正交性质,得到:

$$\begin{cases} b = f/t_z = \sqrt{|\, \boldsymbol{br}_1^{\mathrm{T}} \,| \cdot |\, \boldsymbol{br}_2^{\mathrm{T}} \,|} \Rightarrow t_z = f / \sqrt{|\, \boldsymbol{br}_1^{\mathrm{T}} \,| \cdot |\, \boldsymbol{br}_2^{\mathrm{T}} \,|} \\ \boldsymbol{r}_3 = \boldsymbol{r}_1 \times \boldsymbol{r}_2 \end{cases} \qquad (2.29)$$

结合式(2.28)和式(2.29)可以获取所有待估计的 12 个变量。但是,此时的旋转矩阵 $\boldsymbol{R}_C^{\mathrm{T}}$ 和平移向量 $\boldsymbol{T}_C^{\mathrm{T}}$ 均为在厚度远小于深度前提下的近似值。

进一步地,若将近似估计的位姿矩阵代入式(2.26)的第三行,可推算近似的目标深度 Z_C。根据式(2.27),利用目标深度更新迭代系数 a,再将其代入式(2.28)和式(2.29)进行迭代,从而获得更为精确的位姿矩阵。设定合适的迭代终止阈值并经过一定迭代次数后,即可得到较为精确的近似解。

2) PnP 位姿估计算法

与 POSIT 算法类似地,PnP 算法也是通过足够数量特征点的坐标对(像素坐标和世界坐标)估计相机或物体的相对位姿。相比 POSIT 算法,PnP 算法的求解过程相对繁杂,但其目标位姿估计结果更为精确。图 2.6 阐释了最为经典的一类 PnP 问题,即 P3P 问题。该问题假设相机的内参矩阵 $\boldsymbol{A}$ 已知,且空间中 A、B、C 三点的世界坐标 P_A、P_B、P_C 及其对应的图像坐标 p_A、p_B、p_C 也已知,由此求解这三个特征点在相机坐标系下的位置及姿态。定义三棱锥 $O_C P_A P_B P_C$ 底

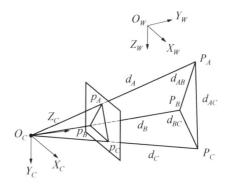

图 2.6　基于 P3P 的目标位姿估计原理

面的三条边边长分别为 d_{AB}、d_{BC}、d_{AC}，侧面的三条边边长分别为 d_A、d_B、d_C，且它们对应的夹角分别为 θ_{AB}、θ_{BC}、θ_{AC}。由于 A、B、C 三点的世界坐标已知，底面的三条边长可以直接利用点到点的距离公式求得；根据三角形的余弦定理，侧面的三条边长可以通过式(2.30)确定。

$$\begin{cases} d_A^2 + d_B^2 - 2d_A d_B \cos\theta_{AB} = d_{AB}^2 \\ d_A^2 + d_C^2 - 2d_A d_C \cos\theta_{AC} = d_{AC}^2 \\ d_B^2 + d_C^2 - 2d_B d_C \cos\theta_{BC} = d_{BC}^2 \end{cases} \tag{2.30}$$

从 2.1.2 节的相机成像模型可知，结合相机的内参矩阵和各个特征点的图像坐标，可以计算特征点在相机坐标系下的投影向量。定义 A、B、C 三点的投影向量分别为 $\overrightarrow{OA}$、$\overrightarrow{OB}$ 和 $\overrightarrow{OC}$，再利用空间向量的夹角公式求得 θ_{AB}、θ_{BC} 和 θ_{AC}。由于式(2.30)为仅含 d_A、d_B、d_C 三个未知变量的二元二次方程组，实际上存在四组关于 d_A、d_B、d_C 的解。通过上述方法，不仅可以确定各个特征点对应的投影向量，而且可以估计其投影距离，获取在相机坐标系下的三维坐标。

将每组解产生的特征点三维坐标代入式(2.8)，可以得到四组对应的目标位姿估计矩阵。一般情况下，还会引入第四个特征点 D 的图像坐标 p_D 和世界坐标 P_D，作为最佳位姿矩阵的评判依据。利用点 P_D 的已知信息，将四个候选位姿矩阵依次代入式(2.8)，通过投影映射得到四个不同的重投影点 q_{D1}、q_{D2}、q_{D3} 和 q_{D4}。根据重投影点与实际像点 p_D 的欧氏距离计算重投影误差，取重投影误差最小的目标位姿矩阵作为最佳估计。当然，除了最常用的 P3P 解法以外，还有一些比较典型的 PnP 问题求解方法，如直接线性变换方法(direct linear transform, DLT)[15]、高效的透视 n 点定位方法(efficient PnP, EPnP)[16]、未标定条件下透视 n 点定位方法(uncalibrated PnP, UPnP)[17]等。

2.2.2.3　基于点云配准的位姿估计方法

基于点云配准的位姿估计方法利用点云的几何、强度等特征来建立两组点云之间的对应关系，然后通过全局配准或局部配准技术，从两组点云的匹配关系求解相对位姿。局部配准往往根据局部几何特征及描述符实现匹配，常用的特征包括轮廓形状、曲面特征、欧式距离以及法向量等。基于轮廓形状的局部配准过程先将点云拟合为空间三维物体，再对其进行配对，这样可以加快匹配效率。对于具有规则轮廓形状的点云，可直接根据物体的空间表达式来拟合形状;对于轮廓不规则的点云,通常采用包围盒策略对点云进行简化,一般分为轴向包围盒、离散方向包围盒、方向包围盒、凸包等。基于曲面特征的局部配准过程通过三角剖分方法构建点云的曲面特征并执行匹配。相比而言,全局配准通过粒子群算法、遗传算法、模拟退火算法等最优化算法来实现点对点的匹配。

图 2.7 给出了通过双目视觉测量系统获取点云来估计目标位姿的示例。假设视觉测量系统分别获取目标在参考位置和实际位置的两组点云,记为参考点云 pc_A 和目标点云 pc_B,其目标位姿估计过程主要通过以下步骤实现:

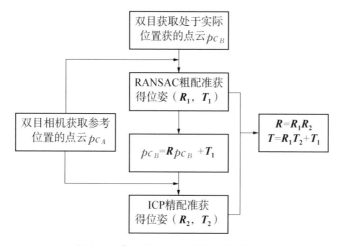

图 2.7 基于点云配准的位姿估计示例

(1) 在初始状态下目标处于参考位置,利用测量系统采集目标图像,结合双目立体视觉测量原理生成参考点云 pc_A,并通过预处理去除其中的噪声;

(2) 当目标的位置或姿态发生变化时,利用测量系统实时捕获目标图像,同样结合双目立体视觉测量原理生成目标点云 pc_B,并对其进行去噪处理;

(3) 针对参考点云 pc_A 和目标点云 pc_B,利用随机抽样一致(random sample consensus,RANSAC)方法[18]初步估计两组点云的坐标转换矩阵,从而获取目标实际位置相对于参考位置的位姿关系,记为(R_1,T_1);

(4) 根据步骤(3)得到的位姿矩阵(R_1,T_1),将目标点云 pc_B 转换到参考点云 pc_A 的局部坐标系,便于其与参考点云进行精配准;

(5) 利用迭代最近邻点(iterative closest point,ICP)算法[19],对参考点云 pc_A 和转换后的目标点云 pc_B 之间的位姿关系进行优化,获得精配准位姿矩阵

（$\boldsymbol{R}_2$，$\boldsymbol{T}_2$），最终两组点云的位姿估计关系表示为

$$\begin{cases} \boldsymbol{R} = \boldsymbol{R}_1 \boldsymbol{R}_2 \\ \boldsymbol{T} = \boldsymbol{R}_1 \boldsymbol{T}_2 + \boldsymbol{T}_1 \end{cases} \tag{2.31}$$

2.3 机器人运动学基本理论

对于许多实际应用而言，机器人的运动模式及运动轨迹可能由环境因素、目标属性、机器人性能综合决定。为了保证机器人能沿着预期的运动规律（主要包含轨迹、速度、加速度等动态特性）到达目标位置，必须充分研究机器人的运动学理论，构建机器人的关节角度空间与其末端笛卡尔空间的映射关系。一般地，机器人运动学基本理论由正运动学与逆运动学两大部分组成。

正运动学问题的定义为：在已知机器人连杆结构参数和关节运动参数的条件下，正向推算机器人的末端执行器相对于机器人基坐标系的位置和姿态。该问题的解决方法最早可追溯至 Denavit 和 Hartenberg 的研究工作，即通过引入一组连杆参数来描述机构的运动关系，将正运动学的推导过程转化为齐次变换矩阵的运算问题[20]。针对标准 D-H 模型在参考系配置、矩阵奇异性等方面的不足，随后的研究工作提出了许多改进的 D-H 运动学分析方法[21, 22]。

逆运动学问题的定义为：在给定机器人末端执行器相对于机器人基坐标系位置和姿态的条件下，逆向求解能使机器人末端满足预期位置及姿态的关节运动参数。由于逆运动学存在非线性和多解的问题，已有研究提出了面向不同构型机器人的逆向求解方法，主要分为代数法、迭代法和几何法[23-25]。

本节首先研究机器人的运动变换描述和连杆参数模型，而后以关节机器人为例，开展基于 D-H 模型的正运动学分析和基于几何法的逆运动学分析，最后通过 Simulink 和 ADAMS 联合仿真方法进行验证。

2.3.1 机器人运动学模型

2.3.1.1 机器人运动变换描述

在笛卡尔坐标系$\{A\}$内，空间中任意一个点 P 可以用 3×1 的列向量表示：

$$^A\boldsymbol{p} = [p_x, \ p_y, \ p_z]^\mathrm{T} \tag{2.32}$$

式中，p_x、p_y 和 p_z 分别为点 P 在 $\{A\}$ 中的三坐标分量。

对于机器人导引任务而言，作业对象通常是具有一定体积的物体，因此需要同时获取该物体在空间中的位置坐标与姿态角度。为了表达任意刚体 B 的位置姿态，设定对应的笛卡尔坐标系 $\{B\}$ 与该刚体固接。根据物体坐标系 $\{B\}$ 中三个单位主矢量与参考坐标系 $\{A\}$ 三个单位主矢量的方向余弦，构建刚体 B 相对于参考坐标系 $\{A\}$ 的旋转矩阵，即

$$_B^A\boldsymbol{R} = \begin{bmatrix} ^A x_B & ^A y_B & ^A z_B \end{bmatrix} \tag{2.33}$$

式中，$_B^A\boldsymbol{R}$ 的三个列矢量为单位正交矢量，所以仅包含 3 个独立变量。

式(2.33)描述的旋转变换，等效于依次绕三个单位主矢量单独旋转的组合。一般地，以任意角度 θ 绕 x 轴、y 轴或 z 轴旋转，对应的变换矩阵分别为

$$
\begin{aligned}
\boldsymbol{R}(x, \theta) &= \begin{bmatrix} 1 & 0 & 0 \\ 0 & \cos\theta & -\sin\theta \\ 0 & \sin\theta & -\cos\theta \end{bmatrix} \\
\boldsymbol{R}(y, \theta) &= \begin{bmatrix} \cos\theta & 0 & \sin\theta \\ 0 & 1 & 0 \\ -\sin\theta & 0 & \cos\theta \end{bmatrix} \\
\boldsymbol{R}(z, \theta) &= \begin{bmatrix} \cos\theta & -\sin\theta & 0 \\ \sin\theta & \cos\theta & 0 \\ 0 & 0 & 1 \end{bmatrix}
\end{aligned}
\tag{2.34}
$$

结合上述刚体的位置和姿态描述，空间任意点 P 在不同坐标系 $\{A\}$ 和 $\{B\}$ 中的位置 $^A\boldsymbol{p}$ 和 $^B\boldsymbol{p}$，可以通过以下关系进行转换：

$$^A\boldsymbol{p} = {_B^A}\boldsymbol{R}\,^B\boldsymbol{p} + {^A}\boldsymbol{p}_{B0} \tag{2.35}$$

式中，$^A\boldsymbol{p}_{B0}$ 为坐标系 $\{B\}$ 的原点在参考坐标系 $\{A\}$ 中的位置坐标。

将式(2.35)表示为齐次形式，可得

$$^A\tilde{\boldsymbol{p}} = {_B^A}\boldsymbol{T}\,^B\tilde{\boldsymbol{p}} = \begin{bmatrix} _B^A\boldsymbol{R} & ^A\boldsymbol{p}_{B0} \\ 0 & 1 \end{bmatrix} {^B}\tilde{\boldsymbol{p}} \tag{2.36}$$

式中，$_B^A\boldsymbol{T}$ 为坐标系 $\{A\}$ 到 $\{B\}$ 的齐次变换矩阵，包括旋转变换和平移变换。

2.3.1.2　机器人连杆参数模型

机器人通常由多个连杆通过关节相连而构成，因此可为机器人的每根连

杆建立一个与其铰接的笛卡尔坐标系,这些连杆坐标系之间的相对位姿通过齐次变换矩阵来描述。图 2.8 为连杆四个参数的定义,其中关节 i 连接连杆 $i-1$ 和连杆 i,$O_iX_iY_iZ_i$ 表示与连杆 i 固连的坐标系,关节 i 和 $i+1$ 轴线的公法线与关节 i 轴线的交点为连杆 i 坐标系的原点 O_i。若连杆 i 两端关节的轴线相交,则该交点定义为原点;若连杆 i 两端关节的轴线平行,则选择原点使其到下一连杆的距离为零。连杆 i 的 Z_i 轴与关节 i 的轴线重合,X_i 轴为关节 i 和 $i+1$ 轴线之间的公法线,其正方向指向关节 $i+1$,余下的 Y_i 轴可根据右手法则确定。

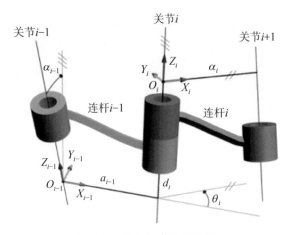

图 2.8　连杆四参数示意图

连杆的机械结构可以抽象为两个参数,即连杆长度 a_{i-1} 和连杆扭角 α_{i-1};相邻连杆之间的连接关系也可以通过两个参数描述,即连杆距离 d_i 和连杆夹角 θ_i。上述四个参数即为一组连杆参数,具体含义说明如下:

(1) 连杆长度 a_{i-1} 表示连杆 $i-1$ 两端关节轴线之间的公法线距离;

(2) 连杆扭角 α_{i-1} 表示连杆 $i-1$ 两端关节轴线在垂直于其公法线所在平面内的夹角;

(3) 连杆距离 d_i 表示关节 i 上两公法线的距离;

(4) 连杆夹角 θ_i 表示关节 i 上两公法线的夹角。

根据上述约定规则建立关节机器人的连杆参数模型,分别设定底座为连杆 0、回转主体为连杆 1、大臂为连杆 2、小臂为连杆 3、末端为连杆 4,建立相应的连杆坐标系,如图 2.9 所示。从图中可知,基坐标系原点 O_0、连杆 1 坐标系原点 O_1 和连杆 2 坐标系原点 O_2 重合,得到相应的连杆参数如表 2.1 所示。

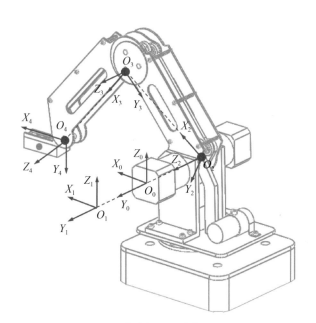

图 2.9 关节机器人连杆坐标系

为了验证表 2.1 中各项 D - H 参数的准确性,采用 MATLAB Robotics Toolbox 进行仿真实验。该工具箱提供了很多机器人研究涉及的重要函数,包括运动学、动力学和轨迹规划等功能。利用该工具箱建立机器人模型的核心代码如下所示,若将其各个关节转角设为 0 时,仿真结果如图 2.10 所示。

表 2.1 关节机器人对应的 D - H 参数

关节 i	连杆扭角 α_{i-1}	连杆长度 a_{i-1}	连杆距离 d_i	连杆夹角 θ_i
1	0	0	0	θ_1
2	$-90°$	0	0	$\theta_2(-90°)$
3	0	135 mm	0	$\theta_3(90°)$
4	0	147 mm	0	θ_4

```
% 建立连杆
L1 = Link([ 0, 0, 0, 0, 0, 0], 'modified');          %关节 1 参数
L2 = Link([ 0, 0, 0, -pi/2, 0, -pi/2], 'modified');   %关节 2 参数
L3 = Link([ 0, 0, 135, 0, 0, pi/2], 'modified');      %关节 3 参数
```

```
L4 = Link([ 0, 0, 147, 0, 0, 0], 'modified');          %关节 4 参数
% 建立机器人
Dobot=SerialLink([L1 L2 L3 L4]);                       %SerialLink 类函数
Dobot. name='Dobot';                                   %SerialLink 属性值
```

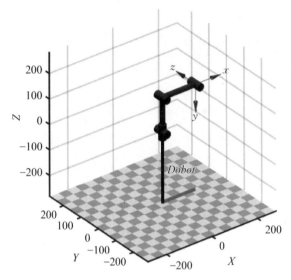

图 2.10　MATLAB 工具箱建立的机器人模型

2.3.2　机器人运动学分析

在建立关节机器人连杆参数模型的基础上,本节将开展该机器人的正逆运动学分析。由于机器人自由度为 4,且所有关节均为旋转关节,因此采用几何解析法可以较为简便地实现机器人的逆运动学求解。

2.3.2.1　正运动学分析

一般地,利用齐次变换矩阵 $\boldsymbol{A}$ 来描述当前连杆与下一连杆之间的相对位置关系。假设连杆 1 相对于基坐标系的位姿矩阵表示为 $\boldsymbol{A}_1$,连杆 2 相对于连杆 1 坐标系的位姿矩阵表示为 $\boldsymbol{A}_2$,则在基坐标系中连杆 2 的位姿矩阵 $_2^0\boldsymbol{T}$ 表示:

$$_2^0\boldsymbol{T}=\boldsymbol{A}_1\boldsymbol{A}_2 \tag{2.37}$$

同理,该四自由度机器人末端在基坐标系中的位姿矩阵表示为

$$\,^0_4T = A_1A_2A_3A_4 \tag{2.38}$$

图 2.11 为该机器人涉及的多个坐标系之间的转换关系。若机器人基坐标系与世界坐标系的相对位姿矩阵由变换 Z 表示,机器人末端与执行器的位姿关系由变换 E 表示,则末端执行器相对于世界坐标系的位姿变换矩阵 X 为

$$X = Z\,^0_4TE \tag{2.39}$$

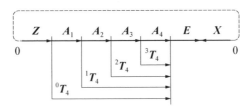

图 2.11　关节机器人坐标变换关系

由前面的连杆参数模型可知,连杆之间的变换关系均可通过四个基础齐次变换(旋转或者平移)来描述。换句话说,当前连杆坐标系 $O_{i-1}X_{i-1}Y_{i-1}Z_{i-1}$ 先绕 X_{i-1} 轴旋转角度 α_{i-1},沿着 X_{i-1} 轴移动 a_{i-1},然后绕 Z_{i-1} 轴旋转角度 θ_i,沿着 Z_{i-1} 轴移动 d_i,即可得到下一连杆坐标系 $O_iX_iY_iZ_i$。因此,连杆 i 与连杆 $i-1$ 之间的变换矩阵可以表示为四个基础矩阵连续右乘的形式:

$$
\begin{aligned}
\,^{i-1}_iT &= Rot(x, \alpha_{i-1})Trans(a_{i-1}, 0, 0)Rot(z, \theta_i)Trans(0, 0, d_i) \\
&= \begin{bmatrix}
\cos\theta_i & -\sin\theta_i & 0 & a_{i-1} \\
\sin\theta_i\cos\alpha_{i-1} & \cos\theta_i\cos\alpha_{i-1} & -\sin\alpha_{i-1} & -d_i\sin\alpha_{i-1} \\
\sin\theta_i\sin\alpha_{i-1} & \cos\theta_i\sin\alpha_{i-1} & \cos\alpha_{i-1} & d_i\cos\alpha_{i-1} \\
0 & 0 & 0 & 1
\end{bmatrix}
\end{aligned} \tag{2.40}
$$

将表 2.1 列出的连杆参数代入式(2.40)可求得各个连杆变换矩阵:

$$\,^0_1T = A_1 = \begin{bmatrix}
\cos\theta_1 & -\sin\theta_1 & 0 & 0 \\
\sin\theta_1 & \cos\theta_1 & 0 & 0 \\
0 & 0 & 1 & 0 \\
0 & 0 & 0 & 1
\end{bmatrix} \tag{2.41}$$

$$
{}_2^1\boldsymbol{T}=\boldsymbol{A}_2=\begin{bmatrix} \cos(\theta_2-90°) & -\sin(\theta_2-90°) & 0 & 0 \\ 0 & 0 & -1 & 0 \\ -\sin(\theta_2-90°) & -\cos(\theta_2-90°) & 0 & 0 \\ 0 & 0 & 0 & 1 \end{bmatrix} \tag{2.42}
$$

$$
{}_3^2\boldsymbol{T}=\boldsymbol{A}_3=\begin{bmatrix} \cos(\theta_3+90°) & -\sin(\theta_3+90°) & 0 & 135 \\ \sin(\theta_3+90°) & \cos(\theta_3+90°) & 0 & 0 \\ 0 & 0 & 1 & 0 \\ 0 & 0 & 0 & 1 \end{bmatrix} \tag{2.43}
$$

$$
{}_4^3\boldsymbol{T}=\boldsymbol{A}_4=\begin{bmatrix} \cos\theta_4 & -\sin\theta_4 & 0 & 147 \\ \sin\theta_4 & \cos\theta_4 & 0 & 0 \\ 0 & 0 & 1 & 0 \\ 0 & 0 & 0 & 1 \end{bmatrix} \tag{2.44}
$$

将式(2.41)～(2.44)代入式(2.38)，经过推导可得：

$$
{}_4^0\boldsymbol{T}=\begin{bmatrix} n_x^{04} & o_x^{04} & a_x^{04} & p_x^{04} \\ n_y^{04} & o_y^{04} & a_y^{04} & p_y^{04} \\ n_z^{04} & o_z^{04} & a_z^{04} & p_z^{04} \\ 0 & 0 & 0 & 1 \end{bmatrix} \tag{2.45}
$$

式中，

$$
\begin{cases} n_x^{04}=\cos\theta_1[\cos\theta_2(\cos\theta_3\cos\theta_4-\sin\theta_3\sin\theta_4)-\sin\theta_2(\cos\theta_3\sin\theta_4+\sin\theta_3\cos\theta_4)] \\ n_y^{04}=\sin\theta_1[\cos\theta_2(\cos\theta_3\cos\theta_4-\sin\theta_3\sin\theta_4)-\sin\theta_2(\cos\theta_3\sin\theta_4+\sin\theta_3\cos\theta_4)] \\ n_z^{04}=-\cos\theta_2(\cos\theta_3\sin\theta_4+\sin\theta_3\cos\theta_4)-\sin\theta_2(\cos\theta_3\cos\theta_4-\sin\theta_3\sin\theta_4) \end{cases}
$$

$$\tag{2.46a}$$

$$
\begin{cases} o_x^{04}=-\cos\theta_1[\cos\theta_2(\cos\theta_3\sin\theta_4+\sin\theta_3\cos\theta_4)+\sin\theta_2(\cos\theta_3\cos\theta_4-\sin\theta_3\sin\theta_4)] \\ o_y^{04}=-\sin\theta_1[\cos\theta_2(\cos\theta_3\sin\theta_4+\sin\theta_3\cos\theta_4)+\sin\theta_2(\cos\theta_3\cos\theta_4-\sin\theta_3\sin\theta_4)] \\ o_z^{04}=\sin\theta_2(\cos\theta_3\sin\theta_4+\sin\theta_3\cos\theta_4)-\cos\theta_2(\cos\theta_3\cos\theta_4-\sin\theta_3\sin\theta_4) \end{cases}
$$

$$\tag{2.46b}$$

$$
\begin{cases} a_x^{04}=\sin\theta_1 \\ a_y^{04}=-\cos\theta_1 \\ a_z^{04}=0 \end{cases} \tag{2.46c}
$$

$$\begin{cases} p_x^{04} = \cos\theta_1[147\cos\theta_2\cos\theta_3 - \sin\theta_2(147\sin\theta_3 - 135)] \\ p_y^{04} = \sin\theta_1[147\cos\theta_2\cos\theta_3 - \sin\theta_2(147\sin\theta_3 - 135)] \quad (2.46d) \\ p_z^{04} = -147\sin\theta_2\cos\theta_3 - \cos\theta_2(147\sin\theta_3 - 135) \end{cases}$$

为了验证 $_4^0\boldsymbol{T}$ 的正确性，将 $\theta_1 = \theta_2 = \theta_3 = \theta_4 = 0°$ 和 $\theta_1 = \theta_2 = \theta_4 = 0°$，$\theta_3 = 90°$ 分别代入式(2.45)，得到对应的变换矩阵为

$$_4^0\boldsymbol{T} = \begin{bmatrix} 1 & 0 & 0 & 147 \\ 0 & 0 & -1 & 0 \\ 0 & -1 & 0 & 135 \\ 0 & 0 & 0 & 1 \end{bmatrix}, \quad _4^0\boldsymbol{T} = \begin{bmatrix} 0 & -1 & 0 & 0 \\ 0 & 0 & -1 & 0 \\ -1 & 0 & 0 & -12 \\ 0 & 0 & 0 & 1 \end{bmatrix} \quad (2.47)$$

上述计算结果与实际情况保持一致，有效验证了正运动学分析的正确性。

2.3.2.2 逆运动学分析

图 2.12 所示为利用几何法求解关节机器人逆运动学的示意图，其中 L_1 和 L_2 分别表示大臂和小臂的连杆长度，$X_l O_R Z_R$ 为大臂和小臂所在平面。对于机器人作业范围内任意给定的目标位置，存在两种大小臂位姿的组合情况能使机器人末端到达该点，如图 2.12 所示。

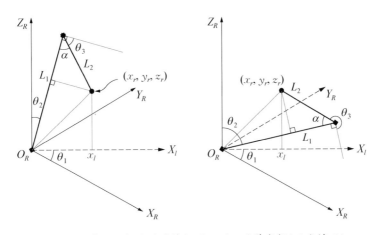

图 2.12 基于几何法的关节机器人逆运动学求解(两类情况)

从上图易得：

$$x_l = \sqrt{x_r^2 + y_r^2} \quad (2.48)$$

$$\theta_1 = \arctan\left(\frac{y_r}{x_r}\right) \tag{2.49}$$

再结合余弦定理 $x_l^2 + z_r^2 = L_1^2 + L_2^2 - 2L_1L_2\cos\alpha$，可得

$$\alpha = \arccos\frac{L_1^2 + L_2^2 - x_l^2 - z_r^2}{2L_1L_2} \tag{2.50}$$

对于图 2.12(a)的情况，通过平面几何关系可以求出对应的 θ_2 和 θ_3：

$$\theta_2 = 90° - \arctan\frac{z_r}{x_l} - \arctan\frac{L_2\sin\alpha}{L_1 - L_2\cos\alpha} \tag{2.51}$$

$$\theta_3 = 90° - \alpha \tag{2.52}$$

对于图 2.12(b)的情况，也可通过平面几何关系求出对应的 θ_2 和 θ_3：

$$\theta_2 = 90° - \arctan\frac{z_r}{x_l} + \arctan\frac{L_2\sin\alpha}{L_1 - L_2\cos\alpha} \tag{2.53}$$

$$\theta_3 = \alpha - 270° \tag{2.54}$$

由于图 2.12(b)中关节 3 转角超出其允许转动范围，故不予考虑。当保持机器人末端始终处于水平状态时，关节 4 的转角取为关节 2 与关节 3 转角之和的相反数。因此，使得机器人末端到达位置 (x_r, y_r, z_r) 的关节转角分别为

$$\begin{cases} \theta_1 = \arctan(y_r/x_r) \\ \theta_2 = 90° - \arctan(z_r/x_l) - \arctan[L_2\sin\alpha/(L_1 - L_2\cos\alpha)] \\ \theta_3 = 90° - \alpha \\ \theta_4 = \arctan(z_r/x_l) + \arctan[L_2\sin\alpha/(L_1 - L_2\cos\alpha)] + \alpha - 180° \end{cases} \tag{2.55}$$

2.3.3　Simulink 与 ADAMS 联合仿真

为了减少机器人视觉导引的测试时间，本节将建立基于 Simulink 与 ADAMS 的虚拟样机系统。通过样机测试，可以快速验证研究结论或发现系统潜在问题。对于任意给定的跟踪轨迹，利用 2.3.2 节的逆运动学理论计算机器人需要达到的各个关节转角，然后联合 Simulink 与 ADAMS 仿真机器人末端的运动轨迹，以验证机器人逆运动学分析的结论。

图 2.13 为基于 Simulink 与 ADAMS 的联合仿真原理。首先,利用 SolidWorks 软件建立机器人三维实体模型,将其导入 ADAMS 并设置约束参数,如图 2.14 所示;然后,利用 Simulink 仿真模型的逆运动学求解函数计算机

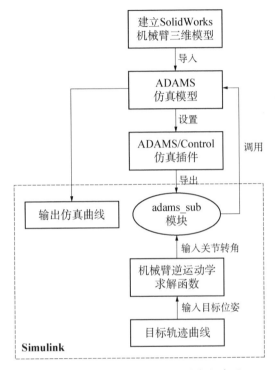

图 2.13　Simulink 与 ADAMS 联合仿真原理

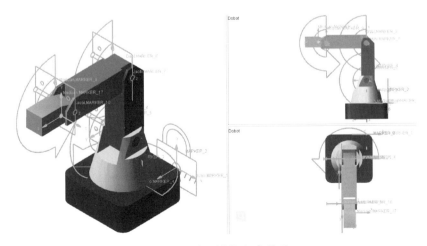

图 2.14　ADAMS 仿真模型

器人目标轨迹曲线对应的关节转角曲线,再调用 ADAMS 仿真模型以产生逆运动学模型预测的轨迹曲线,如图 2.15 所示;最后,比较机器人的预期目标轨迹与仿真得到的模型预测轨迹,验证机器人逆运动学分析的准确性与可靠性。

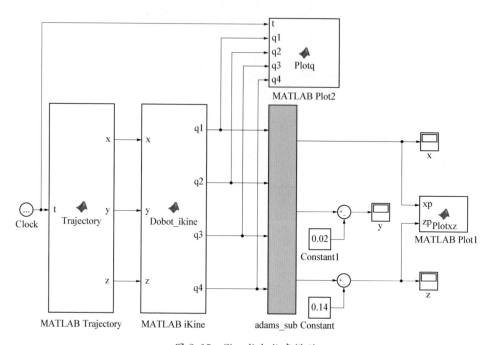

图 2.15　Simulink 仿真模型

我们以两种不同的目标轨迹为例,具体说明上述联合仿真过程的实施效果。两种轨迹的解析表达式为

$$\begin{cases} x_r = 60\cos\theta + 220 \\ z_r = 60\sin\theta \end{cases}, \theta \in [0, 2\pi] \tag{2.56}$$

$$\begin{cases} x_r = 50\cos\theta + 10\cos(3\theta) + 220 \\ z_r = 50\sin\theta + 10\sin(4\theta) + 220 \end{cases}, \theta \in [0, 2\pi] \tag{2.57}$$

从图 2.16 和图 2.17 可见,联合仿真得到的机器人运动轨迹与理论轨迹完全吻合,且仿真误差低于 0.01 mm。因此,上述基于 Simulink 与 ADAMS 的联合仿真方法,充分验证了机器人逆运动学分析的结论,可为机器人视觉导引过程的运动控制提供重要的理论依据。

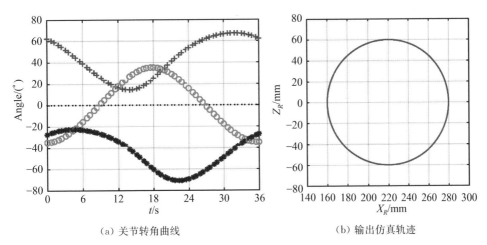

（a）关节转角曲线　　　　　　　　（b）输出仿真轨迹

图 2.16　圆形轨迹的逆向求解仿真示例

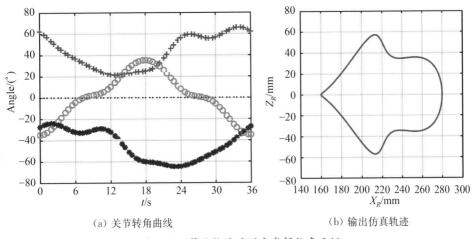

（a）关节转角曲线　　　　　　　　（b）输出仿真轨迹

图 2.17　箭头轨迹的逆向求解仿真示例

参考文献

［1］Pérez L, Rodríguez I, Rodríguez N, et al. Robot guidance using machine vision techniques in industrial environments: A comparative review [J]. Sensors, 2016, vol.16:334.

［2］贾丙西,刘山,张凯祥,等. 机器人视觉伺服研究进展:视觉系统与控制策略[J].自动化学报,2015, 41(5):861-873.

［3］卢荣胜,史艳琼,胡海兵. 机器人视觉三维成像技术综述[J].激光与光电子学进展,2020,57(4): 040001.

［4］ 张广军. 视觉测量［M］. 北京:科学出版社,2008.

［5］ Tsai R Y. A versatile camera calibration technique for high-accuracy 3D machine vision metrology using off-the-shelf TV cameras and lenses［J］. IEEE Journal of Robotics and Automation, 1987, Vol.3(4):323-344.

［6］ Wei G, Ma S. Implicit and explicit camera calibration: Theory and experiments［J］. IEEE Transactions on Pattern Analysis and Machine Intelligence, 1994, Vol.16(5):469-480.

［7］ Zhou F, Cui Y, Peng B, et al. A novel optimization method of camera parameters used for vision measurement［J］. Optics and Laser Technology, 2012, Vol.44(6):1840-1849.

［8］ Heikkilä J. Geometric camera calibration using circular control points［J］. IEEE Transactions on Pattern Analysis and Machine Intelligence, 2000, Vol.22(10):1066-1077.

［9］ 于起峰,尚洋. 摄影测量学原理与应用研究［M］. 北京:科学出版社,2009.

［10］ Hietanen A, Latokartano J, Foi A, et al. Benchmarking pose estimation for robot manipulation ［J］. Robotics and Autonomous Systems, 2021, Vol.143: 103810.

［11］ Liang C J, Lundeen K M, McGee W, et al. A vision-based marker-less pose estimation system for articulated construction robots［J］. Automation in Construction, 2019, Vol.104: 80-94.

［12］ Dementhon D F, Davis L S. Model-Based Object Pose in 25 Lines of Code［J］. International Journal of Computer Vision, 1998, Vol.15: 123-141.

［13］ Hartley R, Zisserman A. Multiple View Geometry in Computer Vision［J］. Cambridge Univ. Press, 2003.

［14］ Li S, Xu C, Xie M. A Robust O(n) Solution to the Perspective-n-Point Problem［J］. IEEE Transactions on Pattern Analysis and Machine Intelligence, 2012, Vol.34(7):1444-1450.

［15］ Abdel-Aziz Y I, Karara H M. Direct Linear Transformation from Comparator Coordinates into Object Space Coordinates in Close-Range Photogrammetry［J］. Photogrammetric Engineering & Remote Sensing, 2015, Vol.81(2):103-107.

［16］ Vincent Lt, Francesc M-N, Pascal F. EPnP: An Accurate O(n) Solution to the PnP Problem［J］. 2009, Vol.81(2):155-166.

［17］ Kneip L, Li H, Seo Y. UPnP: An Optimal O(n) Solution to the Absolute Pose Problem with Universal Applicability［C］. European Conference on Computer Vision. Springer, 2014.

［18］ Martin A. Fischler, Robert C. Bolles. Random Sample Consensus: A Paradigm for Model Fitting with Applications to Image Analysis and Automated Cartography［J］. Communications of the ACM, 1981, 24: 381-394.

［19］ Besl P J, McKay N D. A method for registration of 3-D shapes［J］. IEEE Transactions on Pattern Analysis and Machine Intelligence, 1992, Vol.14(2):239-256.

［20］ Denavit J, Hartenberg R S. A Kinematic Notation for Lower-Pair Mechanisms Based on Matrices ［J］. ASME Journal of Applied Mechanics, 1955, Vol.77: 215-221.

［21］ Craig J J. 机器人学导论［M］. 3 版. 北京:机械工业出版社,2004.

［22］ 吕永军,刘峰,郑飖默,等. 通用和修正 D-H 法在运动学建模中的应用分析［J］. 计算机系统应用, 2016, Vol.25(5):197-202.

［23］ Uzmay I, Yildirim S. Geometric and algebraic approach to the inverse kinematics of four-link manipulators［J］. Robotica, 1994, Vol.12(1):59-64.

［24］ Tong Y, Liu J, Liu Y, et al. Analytical inverse kinematic computation for 7-DOF redundant sliding manipulators［J］. Mechanism and Machine Theory, 2021, 155: 104006.

［25］ 陈禹含,韩宝玲,王善达,等. 结合旋量理论和代数方法的六自由度机器人逆运动学求解算法［J］. 科学技术与工程,2021, Vol.21(25):10762-10767.

第 3 章

机器人视觉系统参数标定技术

参数标定是保证机器人视觉导引系统性能的前提和基础,且标定精度直接决定着机器人视觉导引的准确性和可靠性。本章首先阐述基于透视投影成像模型的相机内部参数标定方法,介绍双目视觉或多目视觉系统涉及的外部参数标定方法;然后建立旋转棱镜变视轴视觉系统的成像模型,介绍利用棱镜往复运动和利用基准传递原理的两类参数标定方法。最后,针对机器人坐标系与相机坐标系之间的手眼标定问题,给出用于描述机器人手眼关系的基本方程,并分别引入经典两步法和辅助相机基准传递策略以计算机器人的手眼矩阵。

3.1 单相机内部参数标定

3.1.1 相机标定方法概述

相机标定是建立二维图像到三维空间映射关系的基础,其本质是通过实验和计算手段确定光心、焦距、图像主点、畸变系数等。常见的相机标定方法大致分为三类:传统标定方法、自标定方法和基于主动视觉的标定方法[1]。

1) 传统标定方法

传统标定方法普遍利用精密靶标作为标定过程的参照物,依据三维空间内靶标点和成像平面内图像点的对应关系来建立相机内外参数的约束条件,再通过直接线性求解或非线性优化算法获取最终的标定参数。从参数求解策略来看,传统标定方法主要包括透视变换法、直接线性变换法、双平面法和两步法等。

透视变换法和直接线性变换法认为，从标定点到图像点的变换过程满足线性关系。其基本流程是先利用线性的物像映射关系建立变换矩阵，再通过变换矩阵分解得到相机的内外参数[2, 3]。以上两类方法忽略了镜头畸变且未知参数并非相互独立的情况，故其标定精度受到一定限制。双平面法无需明确引入相机成像模型，而是通过定义视线向量来描述从标定点到图像点的对应关系，仅采用线性方法即可求解相关参数[4]，但该方法涉及大量的未知参数，存在过度参数化的问题。

两步法结合线性求解和非线性优化的优势，能达到较高的准确性、鲁棒性和适应性。最为典型的 Tsai 两步标定法，先在镜头无畸变假设下建立基于径向排列约束的线性方程以得到外部参数，再在引入镜头畸变条件下，利用非线性优化方法产生内外参数的最优解[5]。Zhang 标定方法采用简单的平面图案作为参照物，先结合针孔模型推导相机参数的解析解，再利用极大似然估计方法实现标定参数的非线性优化，具有良好的灵活性和实用性[6]。其后的许多研究从标靶设计、特征提取定位或目标函数优化等角度提出新的标定方法，以提升其参数标定的精度、效率以及对离焦、噪声等因素的鲁棒性[7-9]。

2）自标定方法和基于主动视觉的标定方法

自标定方法无需利用标准参照物，而是利用存在于自然场景的点、线等未知几何特征作为参照，通过相机在不同角度下拍摄的场景图像序列及其对应关系，建立多元非线性方程组以便直接求解相机的内外参数。绝大多数自标定方法是基于绝对二次曲线或绝对二次曲面发展而来。利用任意两幅图像在射影空间内满足绝对二次曲线的不变性，可以建立 Kruppa 约束方程组，直接求解相机的内部参数[10]；在相机自标定过程中引入绝对二次曲面概念，可以避免直接求解 Kruppa 方程组的难题，在输入图像较多且射影重建一致的情况下更具优势[11]；还有方法采用分层逐步标定策略，即先根据图像序列对应关系估计射影投影矩阵和仿射投影矩阵，再结合绝对二次曲线方程来获取相机的内部参数[12]。自标定方法具有较强的灵活性，但在精度、效率和鲁棒性等方面尚存不足。

基于主动视觉的标定方法要求相机按照特定方向及顺序进行旋转或平移运动，利用相机运动的可控性和特殊性建立简化的方程组，从而实现相机内外参数的线性求解。这类方法长期以来的研究焦点是在尽可能解除相机运动限制的同时保证相机参数仍能线性求解。例如，控制相机执行两组三正交平移运动，利用多幅图像信息和相机运动参数的关系来确定相机的内外参数[13]；控制相机在原地执行三次以上旋转运动,利用不同视角图像之间的匹配点对来计算标定参数[14];引入惯性测量单元来提供相机任意两次运动的相对旋转角度,结合图像的仿射对应关系以解算相机的内外参数[15]。此类方法的参数求解过程较为简单,尤其适合机器人视觉系统的手眼关系标定等应用场景[16]。

3.1.2　基于平面靶标的内参标定

虽然当前已有大量关于相机标定技术的研究,Zhang 提出的标定方法[6]始终备受工程技术领域的青睐,许多后续的标定方法也是在该方法的框架下进行修正或扩展。该方法的优势在于使用简单的平面靶标替代精密的立体靶标,而且允许相机和靶标自由移动,因此在实际应用中具有突出的灵活性和适应性。

如图 3.1 所示,基于平面靶标的标定方法,通过相机拍摄在三维空间中任意放置的平面靶标,利用平面靶标包含的几何约束关系,以及从三维物点 M 到二维像点 m 的透视投影关系,可以建立平面靶标所在坐标系 $O_w\text{-}X_wY_wZ_w$ 与相机坐标系 $O_C\text{-}X_CY_CZ_C$ 之间的刚体变换矩阵 $\boldsymbol{R}_C^W$ 和 $\boldsymbol{T}_C^W$,同时还可以结合物像映射关系估计相机的内部参数矩阵 $\boldsymbol{A}$,从而实现相机内部参数的灵活标定。

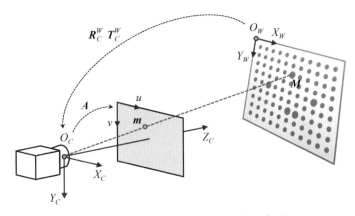

图 3.1　基于平面靶标的标定方法示意图

根据第 2 章的相机成像模型,从物点 M 到像点 m 的投影关系表示为

$$s\tilde{\boldsymbol{m}} = \boldsymbol{A}\begin{bmatrix}\boldsymbol{R}_C^W & \boldsymbol{T}_C^W\end{bmatrix}\tilde{\boldsymbol{M}} \tag{3.1}$$

式中,s 为任意尺度因子;$\tilde{\boldsymbol{m}} = [u, v, 1]^T$ 为像点 m 在像素坐标系 uv 下的齐次坐标;$\tilde{\boldsymbol{M}} = [X_w, Y_w, Z_w, 1]^T$ 为物点 M 在世界坐标系 $O_w\text{-}X_wY_wZ_w$ 下的齐次坐标。

在不失一般性的情况下，可将世界坐标系 $O_W - X_W Y_W Z_W$ 建立在靶标平面上，即 $Z_W = 0$。令 $\boldsymbol{R}_C^W = [\boldsymbol{r}_1, \boldsymbol{r}_2, \boldsymbol{r}_3]$，则公式(3.1)可表示为

$$s \begin{bmatrix} u \\ v \\ 1 \end{bmatrix} = \boldsymbol{A} \begin{bmatrix} \boldsymbol{r}_1 & \boldsymbol{r}_2 & \boldsymbol{r}_3 & \boldsymbol{T}_C^W \end{bmatrix} \begin{bmatrix} X_W \\ Y_W \\ 0 \\ 1 \end{bmatrix} = \boldsymbol{A} \begin{bmatrix} \boldsymbol{r}_1 & \boldsymbol{r}_2 & \boldsymbol{T}_C^W \end{bmatrix} \begin{bmatrix} X_W \\ Y_W \\ 1 \end{bmatrix} = \boldsymbol{H} \begin{bmatrix} X_W \\ Y_W \\ 1 \end{bmatrix}$$

$$(3.2)$$

式中，$\boldsymbol{H}$ 为描述物像映射关系的单应性矩阵。

将上式消去变量 s，并令 $\boldsymbol{x} = [\boldsymbol{h}_1^T, \boldsymbol{h}_2^T, \boldsymbol{h}_3^T]^T$，再结合式(3.2)可得

$$\begin{bmatrix} \boldsymbol{M}^T & \boldsymbol{0}^T & -u\boldsymbol{M}^T \\ \boldsymbol{0}^T & \boldsymbol{M}^T & -v\boldsymbol{M}^T \end{bmatrix} \boldsymbol{x} = \boldsymbol{L}\boldsymbol{x} = 0 \qquad (3.3)$$

上述方程的最优解为 $\boldsymbol{L}^T \boldsymbol{L}$ 的最小特征值对应的特征向量，对该向量进行归一化处理，即可以得到单应性矩阵 $\boldsymbol{H}$。

利用旋转矩阵的正交性，可知 $\boldsymbol{r}_1^T \boldsymbol{r}_2 = 0$ 和 $\boldsymbol{r}_1^T \boldsymbol{r}_1 = \boldsymbol{r}_2^T \boldsymbol{r}_2 = 1$，再结合单应性矩阵的定义 $\boldsymbol{H} = \boldsymbol{A} [\boldsymbol{r}_1, \boldsymbol{r}_2, \boldsymbol{T}_C^W]$，可得

$$\begin{cases} \boldsymbol{h}_1^T \boldsymbol{A}^{-T} \boldsymbol{A}^{-1} \boldsymbol{h}_2 = 0 \\ \boldsymbol{h}_1^T \boldsymbol{A}^{-T} \boldsymbol{A}^{-1} \boldsymbol{h}_1 = \boldsymbol{h}_2^T \boldsymbol{A}^{-T} \boldsymbol{A}^{-1} \boldsymbol{h}_2 \end{cases} \qquad (3.4)$$

可以看到一个单应性矩阵 $\boldsymbol{H}$（对应一幅图像）可以提供关于内参矩阵 $\boldsymbol{A}$ 的两个约束，因此需要采集多幅靶标图像才能完全求解相机内部参数。

由于式(3.4)的两个约束条件均涉及 $\boldsymbol{A}^{-T} \boldsymbol{A}^{-1}$，可令 $\boldsymbol{B} = \boldsymbol{A}^{-T} \boldsymbol{A}^{-1}$ 以方便求解，由此可得

$$\boldsymbol{B} = \boldsymbol{A}^{-T} \boldsymbol{A}^{-1} = \begin{bmatrix} B_{11} & B_{12} & B_{13} \\ B_{12} & B_{22} & B_{23} \\ B_{13} & B_{23} & B_{33} \end{bmatrix}$$

$$= \begin{bmatrix} \dfrac{1}{f_x^2} & -\dfrac{\gamma}{f_x^2 f_y} & \dfrac{v_0 \gamma - u_0 f_y}{f_x^2 f_y} \\[3mm] -\dfrac{\gamma}{f_x^2 f_y} & \dfrac{\gamma^2}{f_x^2 f_y^2} + \dfrac{1}{f_y^2} & -\dfrac{\gamma(v_0 \gamma - u_0 f_y)}{f_x^2 f_y^2} - \dfrac{v_0}{f_y^2} \\[3mm] \dfrac{v_0 \gamma - u_0 f_y}{f_x^2 f_y} & -\dfrac{\gamma(v_0 \gamma - u_0 f_y)}{f_x^2 f_y^2} - \dfrac{v_0}{f_y^2} & \dfrac{(v_0 \gamma - u_0 f_y)^2}{f_x^2 f_y^2} + \dfrac{v_0^2}{f_y^2} + 1 \end{bmatrix}$$

$$(3.5)$$

式中，f_x、f_y、u_0、v_0 和 γ 均为相机内部参数，定义与 2.1.2 节一致。

考虑到 $\boldsymbol{B}$ 为对称矩阵，可表示为 6×1 的向量形式：

$$\boldsymbol{b} = [B_{11}, B_{12}, B_{22}, B_{13}, B_{23}, B_{33}]^{\mathrm{T}} \tag{3.6}$$

又将单应性矩阵 $\boldsymbol{H}$ 的第 i 列记为 $\boldsymbol{h}_i = [h_{i1}, h_{i2}, h_{i3}]^{\mathrm{T}}$，则有：

$$\boldsymbol{h}_i^{\mathrm{T}} \boldsymbol{B} \boldsymbol{h}_j = \boldsymbol{v}_{ij}^{\mathrm{T}} \boldsymbol{b} \tag{3.7}$$

式中，

$$\boldsymbol{v}_{ij} = [h_{i1}h_{j1} \quad h_{i1}h_{j2} + h_{i2}h_{j1} \quad h_{i2}h_{j2} \quad h_{i3}h_{j1} + h_{i1}h_{j3} \quad h_{i3}h_{j2} + h_{i2}h_{j3} \quad h_{i3}h_{j3}]^{\mathrm{T}} \tag{3.8}$$

结合式(3.7)，可将式(3.4)转化为

$$\begin{bmatrix} \boldsymbol{v}_{12}^{\mathrm{T}} \\ (\boldsymbol{v}_{11} - \boldsymbol{v}_{22})^{\mathrm{T}} \end{bmatrix} \boldsymbol{b} = 0 \tag{3.9}$$

当相机采集得到 n 幅平面靶标的图像，按照式(3.9)的形式构造方程：

$$\boldsymbol{V} \boldsymbol{b} = \begin{bmatrix} (\boldsymbol{v}_{12}^1)^{\mathrm{T}} \\ (\boldsymbol{v}_{11}^1 - \boldsymbol{v}_{22}^1)^{\mathrm{T}} \\ \vdots \\ (\boldsymbol{v}_{12}^n)^{\mathrm{T}} \\ (\boldsymbol{v}_{11}^n - \boldsymbol{v}_{22}^n)^{\mathrm{T}} \end{bmatrix} \boldsymbol{b} = 0 \tag{3.10}$$

式中，$1 \sim n$ 为上标，用于区分不同的靶标图像；$\boldsymbol{V}$ 为 $2n \times 6$ 矩阵。通过特征值分解方法确定 $\boldsymbol{V}^{\mathrm{T}} \boldsymbol{V}$ 的最小特征值对应的特征向量，即可得到式(3.10)中 $\boldsymbol{b}$ 的最优解。

由于向量 $\boldsymbol{b}$ 的各项元素与相机内部参数满足式(3.5)给出的关系，可以通过简单的解析公式求解矩阵 $\boldsymbol{A}$ 的参数，表示为

$$\begin{cases} v_0 = (B_{12}B_{13} - B_{11}B_{23})/(B_{11}B_{22} - B_{12}^2) \\ \lambda = B_{33} - [B_{13}^2 + v_0(B_{12}B_{13} - B_{11}B_{23})]/B_{11} \\ f_x = \sqrt{\lambda/B_{11}} \\ f_y = \sqrt{\lambda B_{11}/(B_{11}B_{22} - B_{12}^2)} \\ \gamma = -B_{12}f_x^2 f_y/\lambda \\ u_0 = \gamma v_0/f_y - B_{13}f_x^2/\lambda \end{cases} \tag{3.11}$$

结合内参矩阵 A 和单应性矩阵 H,根据式(3.2)可以得到平面靶标相对于相机的摆放位姿,通过以下外部参数来描述:

$$\begin{cases} r_1 = \lambda A^{-1} h_1 \\ r_2 = \lambda A^{-1} h_2 \\ r_3 = r_1 \times r_2 \\ T_C^W = \lambda A^{-1} h_3 \end{cases} \tag{3.12}$$

式中,$\lambda = 1/\|A^{-1} h_1\| = 1/\|A^{-1} h_2\|$。

对于实际应用而言,相机采集的图像不可避免地受到噪声污染,通过解析公式求解的相机内部参数难以满足精度要求。为此,常见的解决方法是利用最大似然估计,从多幅靶标图像中获得相机内参的最优解,从而克服图像噪声的影响。给定 n 幅平面靶标图像,且每幅图像包含的特征点数量为 m,则相机内参矩阵 A 和外参矩阵 R_C^W、T_C^W 均可通过重投影误差函数的最小化来确定,表示为

$$\min \sum_{i=1}^n \sum_{j=1}^m \| m_{ij} - \hat{m}(A, (R_C^W)_i, (T_C^W)_i, M_j) \|^2 \tag{3.13}$$

式中,$\hat{m}$ 为靶标特征点 M_j 在第 i 幅图像内形成的像点坐标,可以根据式(3.1)计算。将式(3.11)和式(3.12)作为上述非线性优化过程的初始估计,最终得到相机内部参数矩阵 A 的最大似然估计。

由于镜头设计的复杂性和工艺水平等因素的影响,相机往往会因镜头畸变的存在而无法严格满足透视投影模型。先前研究表明,镜头的畸变程度完全取决于径向分量的大小,通常仅考虑镜头的前两项径向畸变[17, 18]。根据非线性镜头畸变模型,图像内某像点 m 的理论图像坐标 $[x, y]^T$ 与实际图像坐标 $[x', y']^T$ 之间的关系可以写成以下形式:

$$\begin{cases} x' = x + x[k_1(x^2 + y^2) + k_2(x^2 + y^2)^2] \\ y' = y + y[k_1(x^2 + y^2) + k_2(x^2 + y^2)^2] \end{cases} \tag{3.14}$$

式中,k_1 和 k_2 分别表示一阶畸变系数和二阶畸变的系数。利用上述畸变模型修正式(3.1)的物像映射关系,并在式(3.13)的最大似然估计中考虑 k_1 和 k_2 的作用,可以在标定相机内部参数的同时获取镜头畸变系数。

3.1.3　方法验证

本节通过案例阐明利用平面靶标完成相机内部参数标定的实施过程,包括图像采集、特征提取和参数优化三个阶段。在图像采集阶段,为了避免图像

噪声等因素导致相机参数标定陷入局部最优问题,需要多次改变平面靶标的位置和姿态,利用相机拍摄得到平面靶标的图像序列。由于平面靶标可能采取棋盘格、圆形点阵等形式各异的图案,特征提取阶段需要利用合适的处理算法,从每幅图像中提取靶标特征点的像素坐标。在参数优化阶段,将世界坐标系建立在靶标平面上,根据靶标特征点之间的几何关系确定其三维坐标,同时结合各个特征点对应的像点坐标,代入 3.1.2 节介绍的方法即可求解相机内部参数。

　　实验装置包括工业相机和平面靶标,其中相机的图像分辨率为 $1\,600 \times 1\,200$,像素尺寸为 $4.4\,\mu m \times 4.4\,\mu m$,镜头焦距为 $12\,mm$,靶标包含 9 行 11 列的圆形特征点阵。通过相机拍摄每次位姿调整后的平面靶标,得到图 3.2 所示的图像序列;再结合圆形特征检测算法,从每幅靶标图像中提取 99 个圆点中心的像素坐标;最后根据靶标特征点的三维坐标及其在每幅图像内对应的像点坐标,利用非线性优化方法得到相机内部参数和镜头畸变系数,如表 3.1 所示。

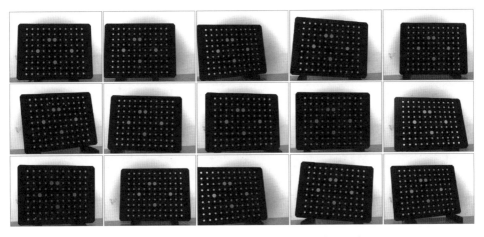

图 3.2　相机拍摄平面靶标处于不同位姿的图像

表 3.1　相机参数标定结果

参数	等效焦距$[f_x, f_y]$	主点坐标$[u_0, v_0]$	倾斜因子 γ	畸变系数$[k_1, k_2]$
取值	$[2\,836.90, 2\,837.84]$	$[798.17, 635.59]$	$-0.746\,4$	$[-0.061\,7, 0.168\,2]$

　　为了更加直观地评价相机标定方法的准确性,根据标定得到的相机与平面靶标之间的外部参数,绘制相机和靶标的相对位姿关系,如图 3.3(a)所示;同时利用标定得到的相机内部参数和镜头畸变系数,计算平面靶标在每幅图

像内的重投影误差,如图 3.3(b)所示。可以看到,外部参数标定结果能够充分反映平面靶标相对于相机的位姿变化,而内部参数标定结果能够准确描述相机图像与三维空间的映射关系,总体重投影误差达到 0.10 像素。

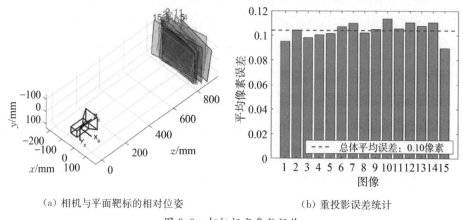

(a) 相机与平面靶标的相对位姿　　　　(b) 重投影误差统计

图 3.3　相机标定参数评价

3.2　双/多相机外部参数标定

3.2.1　基于坐标变换的外参标定

双相机或多相机组成的视觉系统通常需要满足一定的空间布置关系,保证不同相机之间存在充足的公共视场以实现三维重建功能。针对这类系统的参数标定问题,也可利用平面靶标提供的几何约束获取每台相机的内部参数和不同相机之间的外部参数。以双相机视觉系统为例,其内外参数的标定方法如图 3.4 所示。该方法通过两台相机同时拍摄在三维空间中任意放置的平面靶标,分别利用从三维物点 M 到左图像点 m_L 和右图像点 m_R 的投影关系,建立平面靶标所在坐标系 O_W-$X_W Y_W Z_W$ 与左相机坐标系 O_L-$X_L Y_L Z_L$ 之间的变换矩阵 $\boldsymbol{R}_L^W$ 和 $\boldsymbol{T}_L^W$,以及与右相机坐标系 O_R-$X_R Y_R Z_R$ 之间的变换矩阵 $\boldsymbol{R}_R^W$ 和 $\boldsymbol{T}_R^W$。结合 3.1 节介绍的标定方法,可以获取左右相机的内参矩阵 $\boldsymbol{A}_L$ 和 $\boldsymbol{A}_R$;同时利用坐标变换方法,还能建立左右相机坐标系 O_L-$X_L Y_L Z_L$ 和 O_R-$X_R Y_R Z_R$ 之间的转换矩阵 $\boldsymbol{R}_L^R$ 和 $\boldsymbol{T}_L^R$。

由于每台相机的内参矩阵及与平面靶标之间的转换矩阵均可通过式(3.13)求解,平面靶标上任意一点 M 在左右相机坐标系下分别表示为

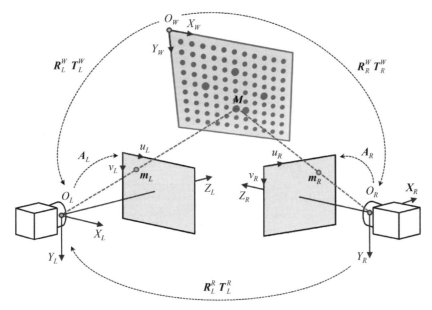

图 3.4　基于坐标变换的标定方法示意图

$$\begin{cases} \boldsymbol{M}_L = \boldsymbol{R}_L^W \boldsymbol{M}_W + \boldsymbol{T}_L^W \\ \boldsymbol{M}_R = \boldsymbol{R}_R^W \boldsymbol{M}_W + \boldsymbol{T}_R^W \end{cases} \tag{3.15}$$

式中，$\boldsymbol{M}_W$、$\boldsymbol{M}_L$ 和 $\boldsymbol{M}_R$ 分别为点 M 在 O_W-$X_W Y_W Z_W$、O_L-$X_L Y_L Z_L$ 和 O_R-$X_R Y_R Z_R$ 坐标系下的三维坐标。

联立式(3.15)的两个方程并消去 $\boldsymbol{M}_W$，可得

$$\boldsymbol{M}_L = \boldsymbol{R}_L^W (\boldsymbol{R}_R^W)^{-1} \boldsymbol{M}_R + \boldsymbol{T}_L^W - \boldsymbol{R}_L^W (\boldsymbol{R}_R^W)^{-1} \boldsymbol{T}_R^W \tag{3.16}$$

因此左右相机坐标系之间的转换矩阵表示为

$$\begin{cases} \boldsymbol{R}_L^R = \boldsymbol{R}_L^W (\boldsymbol{R}_R^W)^{-1} \\ \boldsymbol{T}_L^R = \boldsymbol{T}_L^W - \boldsymbol{R}_L^W (\boldsymbol{R}_R^W)^{-1} \boldsymbol{T}_R^W \end{cases} \tag{3.17}$$

考虑到图像噪声等随机因素的影响，从不同靶标图像估计出来的左右相机转换关系必然存在一定差异。该问题一般可以采用光束平差思想来解决，即从多组左右图像对中分别求解旋转矩阵 $\boldsymbol{R}_L^R$ 对应的欧拉角和平移向量 $\boldsymbol{T}_L^R$，再根据各自的平均值确定 $\boldsymbol{R}_L^R$ 和 $\boldsymbol{T}_L^R$ 的最优估计。

3.2.2　方法验证

在 3.1.3 节实验装置的基础上引入一台相机，与原有相机构成双相机视觉

系统,并利用两台相机同时拍摄靶标处在不同位姿时的图像序列,再结合圆形特征检测算法从每幅图像内提取靶标特征点的像素位置。将靶标特征点的三维坐标及其在左右相机图像内对应的像点坐标代入 3.1.2 节所述方法,分别标定左右相机的内参矩阵 A_L、A_R 和各自的畸变系数 k_{L1}、k_{L2}、k_{R1}、k_{R2},再通过 3.2.1 节所述方法获取两台相机的外参矩阵 R_L^R 和 T_L^R,结果如表 3.2 所示。

表 3.2　双相机系统参数标定结果

参数	左相机	右相机
内参矩阵	$A_L = \begin{bmatrix} 2830.76 & -1.4610 & 786.83 \\ 0 & 2832.01 & 643.67 \\ 0 & 0 & 1 \end{bmatrix}$	$A_R = \begin{bmatrix} 2836.90 & -0.7464 & 798.17 \\ 0 & 2837.84 & 635.59 \\ 0 & 0 & 1 \end{bmatrix}$
畸变系数	$k_{L1} = -0.0603,\ k_{L2} = 0.1528$	$k_{R1} = -0.0617,\ k_{R2} = 0.1682$
外参矩阵	$R_L^R = \begin{bmatrix} 0.9839 & 0.0056 & -0.1784 \\ -0.0044 & 1.0000 & 0.0071 \\ 0.1784 & -0.0062 & 0.9839 \end{bmatrix},\ T_L^R = \begin{bmatrix} 166.3380 \\ -1.0899 \\ 28.8905 \end{bmatrix}$	

　　根据标定得到的左右相机坐标转换矩阵,两台相机和每次靶标成像位姿的相对关系如图 3.5(a)所示,图中清晰地表明了左右相机的相对旋转和平移关系。结合标定得到的左右相机内部参数和畸变系数,平面靶标在两组图像序列内的重投影误差如图 3.5(b)所示,可以看到左右相机的平均重投影误差为 0.14 像素。此外,左相机的重投影误差普遍高于右相机的重投影误差,这主要是因为左右相机的布置角度导致靶标位姿调整在两种视角内产生的变化不同。

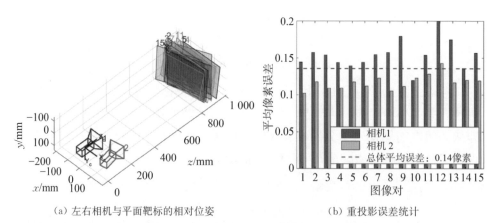

(a) 左右相机与平面靶标的相对位姿　　　　(b) 重投影误差统计

图 3.5　双相机标定参数评价

3.3　变视轴视觉系统参数标定

随着机器人应用场景向着复杂受限空间发展,双相机或多相机构成的被动视觉系统以及相机与投影器构成的主动视觉系统均难以满足结构紧凑性、视角灵活性和功能可靠性等要求,通过单台相机与附加光学元件的组合实现三维视觉感知成为重要的发展方向[19]。单相机视觉测量系统使用的附加光学元件主要包括常见的反射镜、二分棱镜[20,21]以及近期提出的旋转棱镜、旋转双棱镜[22,23]。这类系统引入附加光学元件来改变相机的成像视轴指向,允许相机在固定状态下采集目标场景的多视角图像。但是,相机与附加光学元件的对准关系决定着系统成像性能,必须通过参数标定来保证三维重建精度。本节以旋转棱镜变视轴视觉系统为例,从理论和实验阐明相机与附加光学元件未对准参数的标定方法[24]。

3.3.1　变视轴视觉成像模型

图 3.6 给出了旋转棱镜变视轴视觉系统的成像模型,其中涉及相机坐标系 O_C-$X_CY_CZ_C$、像素坐标系 uv、归一化图像坐标系 o_n-x_ny_n、棱镜坐标系 O_P-$X_PY_PZ_P$ 和世界坐标系 O_W-$X_WY_WZ_W$。来自三维空间内任意目标点 M 的投影光线,依次经过棱镜楔面和平面的折射作用,才能到达相机成像面而形成像点 m。理论上棱镜坐标系 O_P-$X_PY_PZ_P$ 与相机坐标系 O_C-$X_CY_CZ_C$ 满足平行关系,但实际上往往会因相机与棱镜的未对准误差而产生偏离。因此,必须建立结合棱镜折射过程与相机投影过程的成像模型,为相机与棱镜未对准参数标定提供理论基础。

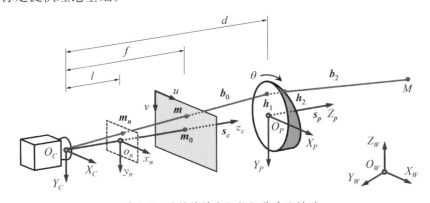

图 3.6　旋转棱镜变视轴视觉系统模型

相机与旋转棱镜之间的未对准关系可以通过三类误差参数来表征,即棱镜倾斜误差、轴承倾斜误差和棱镜转角误差,前两类误差的定义见图 3.7。棱镜倾斜误差是指棱镜主截面的实际位置($Y_P O_P Z_P$ 平面内)相对于理论位置($Y_C O_C Z_C$ 平面内)的偏差,通常由棱镜装配时绕 X_C 轴或 Y_C 轴摆动一定角度导致,可以等效描述为棱镜绕 $X_C O_C Y_C$ 平面内某轴线 $\boldsymbol{a}_p$ 摆动一定角度 δ_p,其中轴线 $\boldsymbol{a}_p$ 相对于 X_C 正半轴形成夹角 γ_p。轴承倾斜误差用于描述棱镜的实际转轴(Z_P 轴)相对于理论转轴(Z_C 轴)的偏差,其来源是轴承装配时绕 X_C 轴或 Y_C 轴摆动一定角度。此类误差可以等效描述为轴承绕 $X_C O_C Y_C$ 平面内某轴线 $\boldsymbol{a}_b$ 摆动一定角度 δ_b,其中轴线 $\boldsymbol{a}_b$ 与 X_C 正半轴之间存在夹角 γ_b。棱镜转角误差 δ_θ 用于描述棱镜的实际转角相对于理论转角 θ 的偏差,主要归因于主截面标定等环节的系统误差。

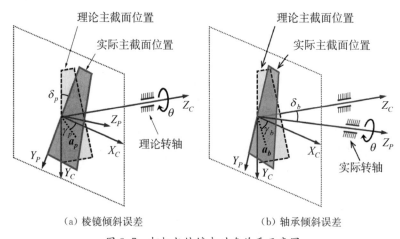

(a) 棱镜倾斜误差　　　　　　(b) 轴承倾斜误差

图 3.7　相机与棱镜未对准关系示意图

从数学模型的角度而言,棱镜倾斜误差、轴承倾斜误差以及棱镜转角误差的影响可以表示为旋转矩阵的形式,分别记为 $\boldsymbol{R}_p$、$\boldsymbol{R}_b$ 和 $\boldsymbol{R}_\theta$。其中 $\boldsymbol{R}_p$ 代表棱镜绕轴线 $\boldsymbol{a}_p$ 摆动角度 δ_p,$\boldsymbol{R}_b$ 代表轴承绕轴线 $\boldsymbol{a}_b$ 摆动角度 δ_b,$\boldsymbol{R}_\theta$ 代表棱镜绕实际转轴 $\boldsymbol{a}_\theta$ 旋转角度 $(\theta + \delta_\theta)$。这些矩阵均可根据罗德里格斯(Rodrigues)公式推导得到,即

$$Rot(\boldsymbol{a}, \beta) = \boldsymbol{J} + (\boldsymbol{I} - \boldsymbol{J})\cos\beta + \boldsymbol{K}\sin\beta \qquad (3.18)$$

式中,$\boldsymbol{a}$ 和 β 分别为旋转轴线和旋转角度,$\boldsymbol{I}$ 为三阶单位矩阵,$\boldsymbol{J}$ 和 $\boldsymbol{K}$ 均与轴线 $\boldsymbol{a}$ 的三维分量 $[X_a, Y_a, Z_a]^{\mathrm{T}}$ 有关,表示为

$$\boldsymbol{J}=\begin{bmatrix} X_a^2 & X_aY_a & X_aZ_a \\ X_aY_a & Y_a^2 & Y_aZ_a \\ X_aZ_a & Y_aZ_a & Z_a^2 \end{bmatrix},\ \boldsymbol{K}=\begin{bmatrix} 0 & -Z_a & Y_a \\ Z_a & 0 & -X_a \\ -Y_a & X_a & 0 \end{bmatrix} \tag{3.19}$$

将 $(\boldsymbol{a}_p,\delta_p)$ 和 $(\boldsymbol{a}_b,\delta_b)$ 分别代入式(3.18),得到矩阵 $\boldsymbol{R}_p$ 和 $\boldsymbol{R}_b$ 为

$$\boldsymbol{R}_p=Rot(\boldsymbol{a}_p,\delta_p)=Rot([\cos\gamma_p,\ \sin\gamma_p,\ 0]^T,\delta_p) \tag{3.20}$$

$$\boldsymbol{R}_b=Rot(\boldsymbol{a}_b,\delta_b)=Rot([\cos\gamma_b,\ \sin\gamma_b,\ 0]^T,\delta_b) \tag{3.21}$$

由于棱镜的实际转轴 $\boldsymbol{a}_\theta$ 取决于存在倾斜误差的轴承中心线,通过矩阵 $\boldsymbol{R}_b$ 变换理论转轴方向 $[0,0,1]^T$ 可得

$$\boldsymbol{a}_\theta=\boldsymbol{R}_b\cdot[0,0,1]^T=[\sin\gamma_b\sin\delta_b,\ -\cos\gamma_b\sin\delta_b,\ \cos\delta_b]^T \tag{3.22}$$

再将 $(\boldsymbol{a}_\theta,\theta+\delta_\theta)$ 代入式(3.18),得到矩阵 $\boldsymbol{R}_\theta$ 为

$$\boldsymbol{R}_\theta=Rot(\boldsymbol{a}_\theta,\theta+\delta_\theta)=Rot([\sin\gamma_b\sin\delta_b,\ -\cos\gamma_b\sin\delta_b,\ \cos\delta_b]^T,\theta+\delta_\theta) \tag{3.23}$$

除了以上角度误差参数,相机与棱镜之间还可能存在三维平移误差 $\boldsymbol{t}_d$,表示为

$$\boldsymbol{t}_d=[t_x,t_y,t_z]^T \tag{3.24}$$

因此,通过这些误差参数的组合 $(\gamma_p,\delta_p,\gamma_b,\delta_b,\delta_\theta,t_x,t_y,t_z)$ 可以严格地表征相机与棱镜的未对准关系。

结合描述棱镜倾斜误差的变换矩阵 $\boldsymbol{R}_p$ 和描述棱镜绕倾斜轴线旋转的变换矩阵 $\boldsymbol{R}_\theta$,棱镜的平面法向量 $\boldsymbol{n}_1$ 和楔面法向量 $\boldsymbol{n}_2$ 分别表示为

$$\boldsymbol{n}_1=Rot(\boldsymbol{a}_\theta,\theta+\delta_\theta)Rot(\boldsymbol{a}_p,\delta_p)\cdot[0,0,1]^T \tag{3.25}$$

$$\boldsymbol{n}_2=Rot(\boldsymbol{a}_\theta,\theta+\delta_\theta)Rot(\boldsymbol{a}_p,\delta_p)\cdot[0,-\sin\alpha,\cos\alpha]^T \tag{3.26}$$

在此基础上,通过逆向光线追迹方法可以得到从物点 M 到像点 m 的投影光线。逆向追迹光线从相机光心 O_C 和像点 m 构成的向量 $\boldsymbol{b}_0$ 出发,依次经过棱镜平面和楔面折射后变为 $\boldsymbol{b}_1$ 和 $\boldsymbol{b}_2$,根据透视投影模型和矢量折射定律可得

$$\boldsymbol{b}_0=(\boldsymbol{A}^{-1}\tilde{\boldsymbol{m}})/\|\boldsymbol{A}^{-1}\tilde{\boldsymbol{m}}\| \tag{3.27}$$

$$\boldsymbol{b}_1=\frac{1}{n}\boldsymbol{b}_0+\left[\sqrt{1-\frac{1}{n^2}(1-(\boldsymbol{n}_1^T\boldsymbol{b}_0)^2)}-\frac{1}{n}(\boldsymbol{n}_1^T\boldsymbol{b}_0)\right]\boldsymbol{n}_1 \tag{3.28}$$

$$\boldsymbol{b}_2=n\boldsymbol{b}_1+\left[\sqrt{1-n^2(1-(\boldsymbol{n}_2^T\boldsymbol{b}_1)^2)}-n(\boldsymbol{n}_2^T\boldsymbol{b}_1)\right]\boldsymbol{n}_2 \tag{3.29}$$

式中，$\bar{m}$ 为像点 m 的齐次像素坐标，n 为棱镜的折射率。

已知棱镜平面的中心位置为 $\boldsymbol{O}_P=[t_x, t_y, d+t_z]^T$，逆向追迹光线交于棱镜平面和楔面的位置 $\boldsymbol{h}_1$ 和 $\boldsymbol{h}_2$ 均可通过空间几何原理计算，表示为

$$\boldsymbol{h}_1=\left(\frac{\boldsymbol{n}_1^T\boldsymbol{O}_P}{\boldsymbol{n}_1^T\boldsymbol{b}_0}\right)\boldsymbol{b}_0 \tag{3.30}$$

$$\boldsymbol{h}_2=\left(\frac{\boldsymbol{n}_2^T(\boldsymbol{O}_P+e\boldsymbol{n}_1-\boldsymbol{h}_1)}{\boldsymbol{n}_2^T\boldsymbol{b}_1}\right)\boldsymbol{b}_1+\boldsymbol{h}_1 \tag{3.31}$$

式中，e 为棱镜的中心厚度。

综合式(3.29)和式(3.31)，逆向追迹光线相对于棱镜的出射方向 $\boldsymbol{b}_2$ 和出射位置 $\boldsymbol{h}_2$ 可以写成与其变量相关的形式，则变视轴视觉成像过程描述为

$$\boldsymbol{M}=l\boldsymbol{b}_2(m, \theta, \gamma_p, \delta_p, \gamma_b, \delta_b, \delta_\theta)+\boldsymbol{h}_2(m, \theta, \gamma_p, \delta_p, \gamma_b, \delta_b, \delta_\theta, t_x, t_y, t_z) \tag{3.32}$$

式中，l 为尺度因子，表示从出射位置到目标位置的光程。显然，该成像模型涉及多个误差参数 $(\gamma_p, \delta_p, \gamma_b, \delta_b, \delta_\theta, t_x, t_y, t_z)$，需要通过标定方法准确获取。

3.3.2 多误差参数联合标定

变视轴视觉系统标定过程本质上是通过优化方法获取成像模型涉及的各项参数，主要分为相机内参标定和误差参数标定两个阶段。相机内参标定阶段通常采用 3.1.2 节所述方法完成。误差参数标定阶段要求系统在未引入棱镜和引入棱镜的情况下分别采集平面靶标的图像序列，其中前者用于构建参数标定的三维基准，后者用于产生变视轴成像模型的三维估计。通过最小化模型估计和标定基准的统计差异，即可辨识不同误差参数 $(\gamma_p, \delta_p, \gamma_b, \delta_b, \delta_\theta, t_x, t_y, t_z)$。

针对变视轴视觉系统的参数标定问题，通常可以利用机械平台搭载旋转棱镜装置进行往复运动，使得相机能够在有无棱镜的情况下分别采集平面靶标的图像序列。如图 3.8 所示，利用棱镜往复运动的方法(简称 RPM 方法)包括五个步骤：①将旋转棱镜装置移出相机视场之外，通过相机直接拍摄平面靶标的图像；②结合平面靶标包含的几何约束以及靶标特征像点 m_D 与物点 $\boldsymbol{M}_W$ 之间的映射关系，计算物点在相机坐标系下的基准位置 $\boldsymbol{M}_V$；③将旋转棱镜装置移回原位，使得相机透过棱镜拍摄平面靶标的图像；④根据靶标特征的成像位置 m_V，通过变视轴成像模型估计其对应的物点位置 $\hat{\boldsymbol{M}}_V$；⑤在不同棱镜转

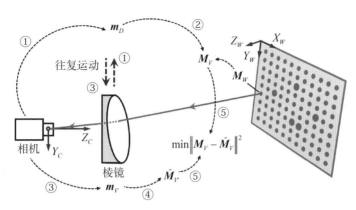

图 3.8　利用棱镜往复运动的参数标定方法(RPM 方法)

角和靶标位姿下重复执行步骤①~④,通过最小化所有靶标特征点的估计位置和基准位置之间的差异来求解误差参数。利用棱镜往复运动的标定方法借助精密位移平台获取严格的参考基准,能够充分保证参数标定的准确性,但其实施效率和灵活性受到一定限制。

在变视轴视觉系统已有相机的基础上引入辅助相机来构成双目系统,可以建立从辅助相机到系统相机的基准传递关系,为参数标定问题提供更加灵活高效的解决途径。如图 3.9 所示,利用基准传递原理的方法(简称 FRT 方法)包括五个步骤:①通过 3.1 节和 3.2 节所述方法,分别标定系统相机与辅助相机的内部参数及两者的坐标转换矩阵 $\boldsymbol{R}_V^A$ 和 $\boldsymbol{T}_V^A$;②利用辅助相机拍摄平面靶标的图像,根据像点 $\boldsymbol{m}_A$ 与物点 $\boldsymbol{M}_W$ 之间的映射关系计算在辅助相机坐标系下的基准位置 $\boldsymbol{M}_A$;③结合系统相机与辅助相机的坐标转换关系,得到在系统

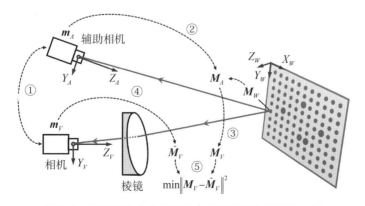

图 3.9　利用基准传递原理的参数标定方法(FRT 方法)

相机坐标系下的基准位置 M_V；④利用系统相机同时拍摄平面靶标的图像，将靶标特征的成像位置 m_V 代入变视轴成像模型，估计其在系统相机坐标系下对应的物点位置 $\hat{M}_V$；⑤多次改变靶标位姿和棱镜转角，并且重复执行步骤①～④，通过最小化估计位置与基准位置之间的差异来求解误差参数。利用基准传递原理的标定方法可以结合系统相机和辅助相机同时采集两组靶标图像，分别用于变视轴成像模型估计和三维标定基准生成，能够大幅提升参数标定过程的灵活性和适用性。

具体而言，辅助相机从平面靶标的图像中生成标定基准并向系统相机传递基准的过程描述为

$$M_A = R_A^W M_W + T_A^W \tag{3.33}$$

$$M_V = R_V^A M_V + T_V^A = R_V^A R_A^W M_W + R_V^A T_A^W + T_V^A \tag{3.34}$$

式中，R_A^W 和 T_A^W 为靶标坐标系相对于辅助相机坐标系的转换矩阵；R_V^A 和 T_V^A 为辅助相机坐标系相对于系统相机坐标系的转换矩阵。结合式(3.32)得到的变视轴成像模型估计位置 $\hat{M}_V$，参数标定的优化目标函数表示为

$$\min \sum_{k=1}^w \sum_{i=1}^n \sum_{j=1}^m \left\| (M_V)_{ijk} - \hat{M}_V(m_{ijk}, \theta_k, \gamma_p, \delta_p, \gamma_b, \delta_b, \delta_\theta, t_x, t_y, t_z) \right\|^2 \tag{3.35}$$

式中，m_{ijk} 为棱镜转角 θ_k 下第 i 幅图像包含的第 j 个特征点。由于经过装配的变视轴视觉系统通常不会存在过大的相机与棱镜未对准问题，对式(3.35)的优化问题进行求解时可以认为各项误差参数的初始值为零。

3.3.3 方法验证

结合旋转棱镜变视轴视觉系统、位移平台和辅助相机构建标定实验平台，其中位移平台用于搭载旋转棱镜装置进行往复运动，辅助相机用于提供标定基准生成和传递作用。在实验过程中，需要在不同棱镜转角和靶标位姿下采集三组图像序列 A、B 和 C，分别由系统相机在有棱镜时采集、系统相机在无棱镜时采集以及辅助相机直接采集。按照图 3.8 和图 3.9 所述方法，可根据序列 B 构建三维基准，或从序列 C 生成和传递三维基准，并且结合序列 A 求解待标定的误差参数。图 3.10 展示了利用基准传递原理实现系统参数标定的具体过程，即先用序列 B 和 C 标定系统相机和辅助相机内外参数，再用序列 A 和 C 标定系统相机和旋转棱镜的未对准误差参数，该策略能够显著降低实施难度、提

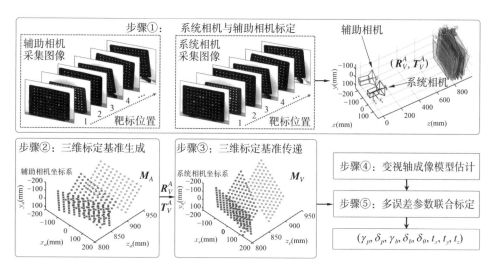

图 3.10　利用基准传递原理的变视轴视觉系统参数标定过程

升标定效率。

　　如表 3.3 所示,两类标定方法得到的相机与棱镜未对准误差参数十分相近,尤其是在贡献更为重要的棱镜倾斜角度 δ_p、轴承倾斜角度 δ_b 和棱镜转角误差 δ_θ 等方面保持高度的一致性。相比于利用棱镜往复运动的标定方法,利用基准传递原理的标定方法可能会额外引入系统相机与辅助相机的相对偏移误差,导致两类方法得到的平移误差参数 t_x、t_y 和 t_z 存在一定差异。将两类方法得到的标定参数及其初始估计分别代入变视轴视觉成像模型,计算不同棱镜转角下多幅靶标图像重投影到三维目标空间的均方根误差,如图 3.11 所示。可以看到,两类标定方法均能大幅提升变视轴视觉系统的性能,且在不同棱镜转角下产生的重投影误差几乎完全相同。这表明利用基准传递原理的方法不仅能够提升标定过程的灵活性和适应性,而且还能保证标定参数的准确性和可靠性。

表 3.3　RPM 方法和 FRT 方法得到的标定参数对比

标定方法	$\gamma_p/(°)$	$\delta_p/(°)$	$\gamma_b/(°)$	$\delta_b/(°)$	$\delta_\theta/(°)$	t_x/mm	t_y/mm	t_z/mm
初始估计	0	0	0	0	0	0	0	0
RPM 方法	17.774	1.058	−17.086	−1.290	1.031	−2.180	4.569	−1.396
FRT 方法	19.056	1.057	−16.451	−1.274	1.034	−1.550	3.089	−1.557

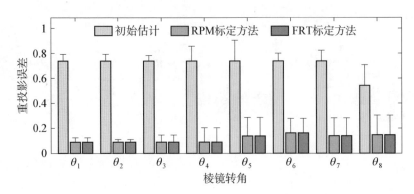

图 3.11　不同棱镜转角下 RPM 方法和 FRT 方法的重投影误差

3.4　机器人手眼关系参数标定

3.4.1　两步标定法

3.4.1.1　基本方程

在机器人眼看手视觉系统中,相机与机器人基座的位置关系保持相对固定,手眼标定就是求解相机坐标系 O_C - $X_C Y_C Z_C$ 相对于机器人基坐标系 O_R - $X_R Y_R Z_R$ 的转换关系。典型解决方法是将靶标、标识等标定物固定在机器人末端,通过相机拍摄标定物图像以获取机器人运动至不同位置的信息,再结合机器人实际反馈的末端位置信息,求解相机坐标系相对于机器人基坐标系的转换关系。

求解手眼变换矩阵属于非线性问题,常见的求解策略包括:(1)采用优化方法求解非线性问题[25, 26];(2)利用旋转矩阵的性质将非线性问题转化为线性问题[27, 28]。前者求解过程复杂且运算量大,求解精度依赖初值的选择,容易陷入局部最优;而后者求解过程简单方便、运算效率高,可将手眼标定问题转化为求解齐次方程的数学问题。

如图 3.12 所示,将标定物安装在机器人末端附近,一方面相机从固定视角采集标定物图像,可以获取标定物在相机坐标系 O_C - $X_C Y_C Z_C$ 下的位置信息,另一方面结合机器人末端位置反馈信息以及末端位置与标定物位置的相对平移关系,可以获取标定物在机器人坐标系 O_R - $X_R Y_R Z_R$ 下的位置信息。根据图中各个坐标系的转换关系,可以得到以下状态转换方程:

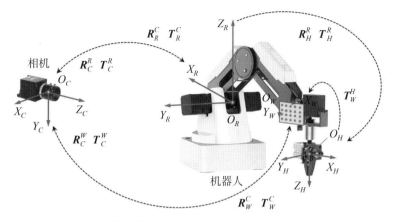

图 3.12　机器人手眼关系标定原理

$$\begin{bmatrix} \boldsymbol{R}_W^C & \boldsymbol{T}_W^C \\ \boldsymbol{0}^T & 1 \end{bmatrix} \begin{bmatrix} \boldsymbol{R}_C^R & \boldsymbol{T}_C^R \\ \boldsymbol{0}^T & 1 \end{bmatrix} = \begin{bmatrix} \boldsymbol{I} & \boldsymbol{T}_W^H \\ \boldsymbol{0}^T & 1 \end{bmatrix} \begin{bmatrix} \boldsymbol{R}_H^R & \boldsymbol{T}_H^R \\ \boldsymbol{0}^T & 1 \end{bmatrix} \qquad (3.36)$$

式中，$\boldsymbol{R}_C^R$ 和 $\boldsymbol{T}_C^R$ 为从机器人坐标系到相机坐标系的转换矩阵，即待求解的手眼关系；$\boldsymbol{R}_W^C$ 和 $\boldsymbol{T}_W^C$ 为从相机坐标系到标定物坐标系的转换矩阵，需要在标定过程中计算；$\boldsymbol{R}_H^R$ 和 $\boldsymbol{T}_H^R$ 为从机器人基坐标系到末端坐标系的转换矩阵，可由 2.3 节的机器人运动学模型确定；$\boldsymbol{T}_W^H$ 为从机器人末端坐标系到标定物坐标系的常量平移矩阵；$\boldsymbol{I}$ 为 3×3 单位矩阵，$\boldsymbol{0}$ 为 3×1 全零向量。

机器人运动轨迹上的任意两个目标位置满足以下坐标转换方程：

$$\begin{cases} \begin{bmatrix} \boldsymbol{R}_R^C & \boldsymbol{T}_R^C \\ \boldsymbol{0}^T & 1 \end{bmatrix} \boldsymbol{P}_C^{(i)} = \begin{bmatrix} \boldsymbol{I} & \boldsymbol{T}_W^H \\ \boldsymbol{0}^T & 1 \end{bmatrix} \boldsymbol{Q}_R^{(i)} \\[12pt] \begin{bmatrix} \boldsymbol{R}_R^C & \boldsymbol{T}_R^C \\ \boldsymbol{0}^T & 1 \end{bmatrix} \boldsymbol{P}_C^{(j)} = \begin{bmatrix} \boldsymbol{I} & \boldsymbol{T}_W^H \\ \boldsymbol{0}^T & 1 \end{bmatrix} \boldsymbol{Q}_R^{(j)} \end{cases} \qquad (3.37)$$

式中，$\boldsymbol{P}_C^{(i)}$ 和 $\boldsymbol{P}_C^{(j)}$ 分别为机器人末端标识到达不同位置时在相机坐标系下的三维坐标，可在标定过程中测得；$\boldsymbol{Q}_R^{(i)}$ 和 $\boldsymbol{Q}_R^{(j)}$ 分别为机器人末端位置在机器人基坐标系下的三维坐标，可从机器人数据接口读取。化简式(3.37)可得

$$(\boldsymbol{Q}_R^{(i)})^{-1} \boldsymbol{Q}_R^{(j)} \begin{bmatrix} \boldsymbol{R}_R^C & \boldsymbol{T}_R^C \\ \boldsymbol{0}^T & 1 \end{bmatrix} = \begin{bmatrix} \boldsymbol{R}_R^C & \boldsymbol{T}_R^C \\ \boldsymbol{0}^T & 1 \end{bmatrix} \boldsymbol{P}_C^{(i)} (\boldsymbol{P}_C^{(j)})^{-1} \qquad (3.38)$$

令 $\boldsymbol{A}^{(ij)} = (\boldsymbol{Q}_R^{(i)})^{-1} \boldsymbol{Q}_R^{(j)}$ 表示机器人对末端的控制量，$\boldsymbol{B}^{(ij)} = \boldsymbol{P}_C^{(i)} (\boldsymbol{P}_C^{(j)})^{-1}$ 表

示相机对末端标识的观测量,两者均为已知量,$\boldsymbol{X}$ 表示待求解的手眼变换矩阵,式(3.38)可转化为齐次方程形式 $\boldsymbol{AX} = \boldsymbol{XB}$。若将矩阵 $\boldsymbol{A}$ 和 $\boldsymbol{B}$ 表示为旋转矩阵和平移矩阵的组合,式(3.38)可以写成:

$$\begin{bmatrix} \boldsymbol{R}_A^{(ij)} & \boldsymbol{T}_A^{(ij)} \\ \boldsymbol{0}^T & 1 \end{bmatrix} \begin{bmatrix} \boldsymbol{R}_R^C & \boldsymbol{T}_R^C \\ \boldsymbol{0}^T & 1 \end{bmatrix} = \begin{bmatrix} \boldsymbol{R}_R^C & \boldsymbol{T}_R^C \\ \boldsymbol{0}^T & 1 \end{bmatrix} \begin{bmatrix} \boldsymbol{R}_B^{(ij)} & \boldsymbol{T}_B^{(ij)} \\ \boldsymbol{0}^T & 1 \end{bmatrix} \tag{3.39}$$

将其展开后整理可得

$$\begin{cases} \boldsymbol{R}_A^{(ij)} \boldsymbol{R}_R^C = \boldsymbol{R}_R^C \boldsymbol{R}_B^{(ij)} \\ \boldsymbol{R}_A^{(ij)} \boldsymbol{T}_R^C + \boldsymbol{T}_A^{(ij)} = \boldsymbol{R}_R^C \boldsymbol{T}_B^{(ij)} + \boldsymbol{T}_R^C \end{cases} \tag{3.40}$$

由此得到手眼标定的基本方程,将手眼标定问题转化为从上述方程组中求解旋转矩阵 $\boldsymbol{R}_R^C$ 和平移矩阵 $\boldsymbol{T}_R^C$ 的问题。

3.4.1.2 Tsai 两步法

Tsai 两步法是最常见的机器人手眼方程求解方法之一[29],主要包括两个阶段:(1)根据旋转矩阵的性质,通过线性化的方法求解旋转矩阵 $\boldsymbol{R}_R^C$;(2)将求解到的旋转矩阵代入手眼标定的基本方程,求解平移矩阵 $\boldsymbol{T}_R^C$。

利用 Rodrigues 变换将旋转矩阵转换为旋转向量,其一般形式为

$$\boldsymbol{r} = \text{Rodrigues}(\boldsymbol{R}) = \frac{1}{2} \sin \varphi \, [n_1, n_2, n_3]^T \tag{3.41}$$

式中 φ 为旋转矩阵对应的旋转角,$[n_1, n_2, n_3]^T$ 为旋转轴的单位向量。因此,将式(3.40)的旋转矩阵 $\boldsymbol{R}_A^{(ij)}$ 和 $\boldsymbol{R}_B^{(ij)}$ 分别转换为旋转向量,即

$$\begin{cases} \boldsymbol{r}_A^{(ij)} = \text{Rodrigues}(\boldsymbol{R}_A^{(ij)}) \\ \boldsymbol{r}_B^{(ij)} = \text{Rodrigues}(\boldsymbol{R}_B^{(ij)}) \end{cases} \tag{3.42}$$

对旋转向量进行归一化处理,可得

$$\boldsymbol{n}_A^{(ij)} = \boldsymbol{r}_A^{(ij)} / \parallel \boldsymbol{r}_A^{(ij)} \parallel, \; \boldsymbol{n}_B^{(ij)} = \boldsymbol{r}_B^{(ij)} / \parallel \boldsymbol{r}_B^{(ij)} \parallel \tag{3.43}$$

结合式(3.42)和式(3.43),采用修正的 Rodrigues 参数表示位姿变化:

$$\boldsymbol{p}_A^{(ij)} = 2\sin \frac{\parallel \boldsymbol{r}_A^{(ij)} \parallel}{2} \boldsymbol{n}_A^{(ij)}, \; \boldsymbol{p}_B^{(ij)} = 2\sin \frac{\parallel \boldsymbol{r}_B^{(ij)} \parallel}{2} \boldsymbol{n}_B^{(ij)} \tag{3.44}$$

则初始旋转向量 $\boldsymbol{p}_0$ 可通过以下方程计算:

$$\text{skew}(\boldsymbol{p}_A^{(ij)} + \boldsymbol{p}_B^{(ij)}) \boldsymbol{p}_0 = \boldsymbol{p}_B^{(ij)} - \boldsymbol{p}_A^{(ij)} \tag{3.45}$$

式中,skew 为反对称运算,即计算向量对应的反对称矩阵。

已知式(3.45)为线性方程,至少需要两组数据才能获得唯一解。因此,s 组($s \geqslant 2$)运动状态能产生 $s-1$ 组线性方程,构成不相容线性方程组:

$$
\begin{bmatrix} \text{skew}(\boldsymbol{p}_A^{(12)} + \boldsymbol{p}_B^{(12)}) \\ \text{skew}(\boldsymbol{p}_A^{(23)} + \boldsymbol{p}_B^{(23)}) \\ \vdots \\ \text{skew}(\boldsymbol{p}_A^{(s-1)s} + \boldsymbol{p}_B^{(s-1)s}) \end{bmatrix} \boldsymbol{p}_0 = \begin{bmatrix} \boldsymbol{p}_B^{(12)} - \boldsymbol{p}_A^{(12)} \\ \boldsymbol{p}_B^{(23)} - \boldsymbol{p}_A^{(23)} \\ \vdots \\ \boldsymbol{p}_B^{(s-1)s} - \boldsymbol{p}_A^{(s-1)s} \end{bmatrix} \tag{3.46}
$$

利用最小二乘法求解上述线性方程组,得到初始旋转向量为

$$
\boldsymbol{p}_0 = (\boldsymbol{C}^T \boldsymbol{C})^{-1} \boldsymbol{C}^T \boldsymbol{D} \tag{3.47}
$$

式中,矩阵 $\boldsymbol{C}$ 和 $\boldsymbol{D}$ 定义为

$$
\boldsymbol{C} = \begin{bmatrix} \text{skew}(\boldsymbol{p}_A^{(12)} + \boldsymbol{p}_B^{(12)}) \\ \text{skew}(\boldsymbol{p}_A^{(23)} + \boldsymbol{p}_B^{(23)}) \\ \vdots \\ \text{skew}(\boldsymbol{p}_A^{(s-1)s} + \boldsymbol{p}_B^{(s-1)s}) \end{bmatrix}, \boldsymbol{D} = \begin{bmatrix} \boldsymbol{p}_B^{(12)} - \boldsymbol{p}_A^{(12)} \\ \boldsymbol{p}_B^{(23)} - \boldsymbol{p}_A^{(23)} \\ \vdots \\ \boldsymbol{p}_B^{(s-1)s} - \boldsymbol{p}_A^{(s-1)s} \end{bmatrix} \tag{3.48}
$$

根据初始旋转向量 $\boldsymbol{p}_0$ 计算旋转向量 $\boldsymbol{p}$,表示为

$$
\boldsymbol{p} = \frac{2\boldsymbol{p}_0}{\sqrt{1 + \| \boldsymbol{p}_0 \|^2}} \tag{3.49}
$$

将其代入以下转换公式计算旋转矩阵:

$$
\boldsymbol{R}_R^C = \left(1 - \frac{\| \boldsymbol{p} \|^2}{2}\right) \boldsymbol{I} + \frac{1}{2} \left[\boldsymbol{p}\boldsymbol{p}^T + \text{skew}(\boldsymbol{p}) \sqrt{4 - \| \boldsymbol{p} \|^2}\right] \tag{3.50}
$$

将得到的旋转矩阵 $\boldsymbol{R}_R^C$ 代入式(3.40)的方程 $(\boldsymbol{R}_A^{(ij)} - \boldsymbol{I})\boldsymbol{T}_R^C = \boldsymbol{R}_R^C \boldsymbol{T}_B^{(ij)} - \boldsymbol{T}_A^{(ij)}$,得到 $s-1$ 组线性方程,同理可以得到平移矩阵 $\boldsymbol{T}_R^C$ 的最小二乘解。

3.4.2　辅助标定法

传统的两步标定法要求在机器人末端安装平面或立体靶标,且靶标上需要有足够多的控制点,才能在相机坐标系下准确求解靶标位置,为手眼标定提供基础。为了提升标定过程的灵活性和适应性,可以引入辅助相机构建双目视觉系统,这种布置方案只需在机器人末端布设单独的标识特征,在靶标设计与安装方面更加简便,对机器人末端布置空间和承载能力的要求也明显

降低[30]。

如图 3.13 所示,引入辅助相机的机器人手眼标定方法分为两个阶段:先标定从辅助相机坐标系 $O_A - X_A Y_A Z_A$ 到相机坐标系 $O_C - X_C Y_C Z_C$ 的转换矩阵 $\boldsymbol{R}_C^A$ 和 $\boldsymbol{T}_C^A$,再标定从相机坐标系 $O_C - X_C Y_C Z_C$ 到机器人坐标系 $O_R - X_R Y_R Z_R$ 的转换矩阵 $\boldsymbol{R}_R^C$ 和 $\boldsymbol{T}_R^C$。其中,相机与辅助相机的内外参标定可以通过 3.1.2 节和 3.2.1 节所述方法实现。针对相机与机器人坐标转换关系的标定问题,需要控制机器人末端运动至一系列不同位置,通过相机和辅助相机测量末端标识在 $O_C - X_C Y_C Z_C$ 坐标系下的三维坐标,同时从数据接口读取机器人末端中心在 $O_R - X_R Y_R Z_R$ 坐标系下的三维坐标,最后根据两组三维坐标求解相应坐标系之间的转换矩阵。

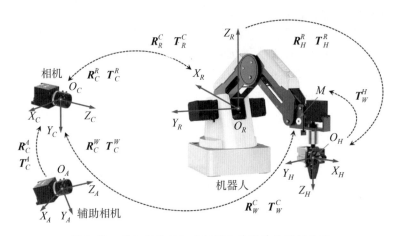

图 3.13 引入辅助相机的机器人手眼关系标定原理

当机器人末端运动至三维空间内的任意指定位置时,结合相机和辅助相机在 $O_C - X_C Y_C Z_C$ 坐标系下测得特征标识三维坐标为 $\boldsymbol{P}_C^{(k)}$,根据机器人控制器反馈的末端中心位置以及末端与标识之间的平移矩阵 $\boldsymbol{T}_W^H$,得到特征标识在 $O_R - X_R Y_R Z_R$ 坐标系下的三维坐标为 $\boldsymbol{P}_R^{(k)}$,两者满足:

$$\boldsymbol{R}_R^C \boldsymbol{P}_C^{(k)} + \boldsymbol{T}_R^C = \boldsymbol{P}_R^{(k)} \tag{3.51}$$

理论上,将机器人末端在三种不同位置处得到的双目测量信息和实际反馈信息,代入式(3.51)即可求得唯一的旋转矩阵 $\boldsymbol{R}_R^C$ 和位移矩阵 $\boldsymbol{T}_R^C$。但在实际应用中,双目测量可能受到图像噪声等随机因素的影响,导致较大的手眼标定参数误差。为此,通过需要在更多不同末端位置下获得特征标识的三维坐标,将其代入式(3.51)构造超定方程,再利用奇异值分解(singular value decomposition, SVD)等方法进行求解。

给定 s 组特征标识在 $O_C\text{-}X_CY_CZ_C$ 坐标系和 $O_R\text{-}X_RY_RZ_R$ 坐标系下的三维坐标,通过下式计算协方差矩阵 $\boldsymbol{G}$:

$$\boldsymbol{G} = \sum_{k=1}^{s}\left(\boldsymbol{P}_C^{(k)} - \frac{1}{s}\sum_{k=1}^{s}\boldsymbol{P}_C^{(k)}\right)\left(\boldsymbol{P}_R^{(k)} - \frac{1}{s}\sum_{k=1}^{s}\boldsymbol{P}_R^{(k)}\right)^{\mathrm{T}} \quad (3.52)$$

再对协方差矩阵 $\boldsymbol{G}$ 进行奇异值分解,可得

$$(\boldsymbol{U},\boldsymbol{S},\boldsymbol{V}) = SVD(\boldsymbol{G}) \quad (3.53)$$

其中,$\boldsymbol{U}$ 为左奇异矩阵,$\boldsymbol{S}$ 为奇异值矩阵,$\boldsymbol{V}$ 为右奇异矩阵。由此得到相机坐标系与机器人坐标系的相对旋转矩阵 $\boldsymbol{R}_R^C$ 为

$$\boldsymbol{R}_R^C = \begin{cases} \boldsymbol{V}\boldsymbol{U}^{\mathrm{T}}, & |\boldsymbol{R}_R^C| \geqslant 0 \\ \boldsymbol{V}_1\boldsymbol{U}^{\mathrm{T}}, & |\boldsymbol{R}_R^C| < 0 \end{cases} \quad (3.54)$$

式中,$\boldsymbol{V}_1 = -\boldsymbol{V}\begin{bmatrix} 1 & 0 & 0 \\ 0 & 1 & 0 \\ 0 & 0 & -1 \end{bmatrix}$,$|\boldsymbol{R}_R^C|$ 为矩阵 $\boldsymbol{R}_R^C$ 的行列式值。

将 $\boldsymbol{R}_R^C$ 代入式(3.51)又可得到相对平移矩阵 $\boldsymbol{T}_R^C$,表示为

$$\boldsymbol{T}_R^C = \frac{1}{s}\sum_{k=1}^{s}\boldsymbol{P}_R^{(k)} - \boldsymbol{R}_R^C\frac{1}{s}\sum_{k=1}^{s}\boldsymbol{P}_C^{(k)} \quad (3.55)$$

通过 $\boldsymbol{R}_R^C$ 与 $\boldsymbol{T}_R^C$ 的组合,可将视觉测量系统获取的三维信息实时转换到机器人坐标系下,以便引导机器人末端运动和执行作业。

3.4.3　方法验证

为了验证引入辅助相机标定机器人手眼关系的有效性,按照 3.4.2 节的要求搭建实验平台。实验过程中,控制机器人末端依次运动至 10 个位置,在每个位置处通过相机和辅助相机拍摄末端区域图像,同时记录末端标识在机器人坐标系下的三维坐标。两台相机采集的图像序列如图 3.14 所示,结合圆形特征检测算法和双目视觉测量原理,可得末端标识在相机坐标系下的三维坐标。

表 3.4 对比列出了不同位置的特征标识在相机坐标系和机器人坐标系下的三维坐标,利用 3.4.2 节所述方法得到手眼变换矩阵为

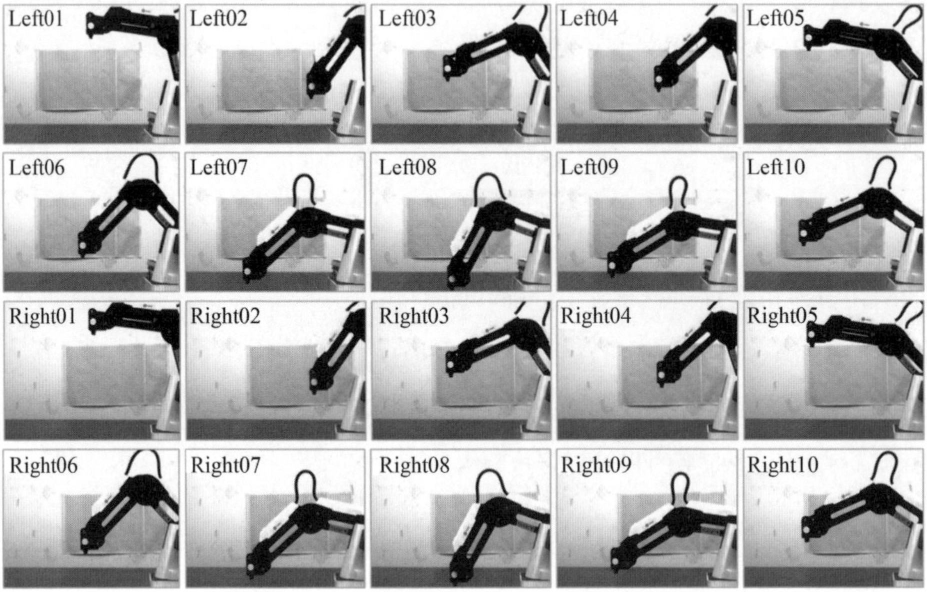

图 3.14　用于机器人手眼标定的图像序列

$$\boldsymbol{R}_R^C = \begin{bmatrix} -1.000\,0 & 0.001\,0 & 0.000\,7 \\ 0.000\,7 & -0.009\,5 & 1.000\,0 \\ 0.001\,0 & 1.000\,0 & 0.009\,5 \end{bmatrix}, \boldsymbol{T}_R^C = \begin{bmatrix} 206.162\,4 \\ -1\,011.211\,1 \\ 40.942\,9 \end{bmatrix}$$

利用上述变换矩阵,将特征标识在相机坐标系下得到的三维坐标转换到机器人坐标系下,并与实际在机器人坐标系下得到的三维坐标进行对比,可以计算机器人末端在每个位置的重投影误差,结果见表 3.4。

表 3.4　机器人手眼标定数据

序号	特征标识在相机坐标系下坐标			特征标识在机器人坐标系下坐标			重投影误差
	X_C/mm	Y_C/mm	Z_C/mm	X_R/mm	Y_R/mm	Z_R/mm	
1	−3.658 6	107.414 7	1 011.867 7	210.075 4	0	158.111 6	0.685 8
2	80.927 2	−28.811 5	1 011.125 4	126.375 8	0	21.576 3	0.575 7
3	−34.229 2	10.969 0	1 011.672 5	241.394 5	0	61.461 3	0.438 5
4	23.659 7	−13.262 8	1 011.401 0	185.143 1	0	38.548 1	2.328 9
5	−61.197 0	79.117 1	1 011.876 9	267.522 2	0	131.320 3	1.823 8
6	−22.222 8	−53.420 1	1 010.945 3	229.382 4	0	−3.531 8	0.757 4

续　表

序号	特征标识在相机坐标系下坐标			特征标识在机器人坐标系下坐标			重投影误差
	X_C/mm	Y_C/mm	Z_C/mm	X_R/mm	Y_R/mm	Z_R/mm	
7	-66.9149	-111.3182	$1\,010.3573$	273.2290	0	-61.7875	1.0547
8	-24.4091	-128.0873	$1\,009.1366$	231.2175	0	-78.5274	1.2898
9	-84.1420	-98.9880	$1\,010.6812$	290.4245	0	-49.0923	0.8251
10	-73.1922	-27.3452	$1\,011.2021$	279.5167	0	23.0396	0.5629

参考文献

[1] 石岩青,常彩霞,刘小红,等. 面阵相机内外参数标定方法及进展[J]. 激光与光电子学进展,2021,58 (24):2400001.

[2] Luh J Y S, Klaasen J A. A three-dimensional vision by off-shelf system with multi-cameras [J]. IEEE Transactions on Pattern Analysis and Machine Intelligence, 1985,PAMI-7(1):35-45.

[3] Abdel-Aziz Y I, Karara H M, Hauck M. Direct linear transformation from comparator coordinates into object space coordinates in close-range photogrammetry [J]. Photogrammetric Engineering & Remote Sensing, 2015,81(2):103-107.

[4] Martins H A, Birk J R, Kelley R B. Camera models based on data from two calibration planes [J]. Computer Graphics and Image Processing, 1981,17(2):173-180.

[5] Tsai R Y. A versatile camera calibration technique for high-accuracy 3D machine vision metrology using off-the-shelf TV cameras and lenses [J]. IEEE Journal on Robotics and Automation, 1987, 3(4):323-344.

[6] Zhang Z. A flexible new technique for camera calibration [J]. IEEE Transactions on Pattern Analysis and Machine Intelligence, 2000,22:1330-1334.

[7] Huang L, Zhang Q C, Asundi A. Camera calibration with active phase target improvement on feature detection and optimization [J]. Optics Letters, 2013,38(9):1446-1448.

[8] Cui Y, Zhou F, Wang Y. et al. Precise calibration of binocular vision system used for vision measurement [J]. Optics Express, 2014,22(8):9134-9149.

[9] Bu L, Huo H, Liu X, et al. Concentric circle grids for camera calibration with considering lens distortion [J]. Optics and Lasers in Engineering, 2021,140:106527.

[10] Faugeras O D, Luong Q T, Maybank S J. Camera self-calibration: theory and experiments [C]. 2nd European Conference on Computer Vision (ECCV), 1992,588(12):321-334.

[11] Triggs B. Autocalibration and the absolute quadric [C]. IEEE Computer Society Conference on Computer Vision and Pattern Recognition (CVPR), 1997:609-614.

[12] de França J A, Stemmer M R, de França M B, et al. A new robust algorithmic for multi-camera calibration with a 1D object under general motions without prior knowledge of any camera intrinsic parameter [J]. Pattern Recognition, 2012,45(10):3636-3647.

[13] Ma S D. A self-calibration technique for active vision systems [J]. IEEE Transactions on Robotics and Automation, 1996,12(1):114-120.

[14] Hartley R I. Self-calibration of stationary cameras [J]. International Journal of Computer Vision,

1997,22:5-23.

[15] Yu Y, Guan B, Sun X, et al. Self-calibration of cameras using affine correspondences and known relative rotation angle [J]. Applied Optics, 2021,60(35):10785-10794.

[16] 刘佳君,孙振国,张文增,等. 基于平面约束的欠驱动爬壁机器人手眼标定方法[J]. 机器人,2015,37(3):271-276+285.

[17] Wei G Q, Ma S D. Implicit and explicit camera calibration: Theory and experiments [J]. IEEE Transactions on Pattern Analysis and Machine Intelligence, 1994,16(5):469-480.

[18] Zhou F Q, Cui Y, Peng B, et al. A novel optimization method of camera parameters used for vision measurement [J]. Optics and Laser Technology, 2012,44(6):1840-1849.

[19] 刘兴盛,李安虎,邓兆军,等. 单相机三维视觉成像技术研究进展[J]. 激光与光电子学进展,2022,59(14):1415007.

[20] 周富强,王晔昕,柴兴华,等. 镜像双目视觉精密测量技术综述[J]. 光学学报,2018,38(8):0815003.

[21] Cui X Y, Zhao Y, Lim K B, et al. Perspective projection model for prism-based stereovision [J]. Optics Express, 2015,23(21):27542-27557.

[22] Li A H, Liu X S, Zhao Z S. Compact three-dimensional computational imaging using a dynamic virtual camera [J]. Optics Letters, 2020,45(13):3801-3804.

[23] Liu X S, Li A H. Multiview three-dimensional imaging using a Risley-prism-based spatially adaptive virtual camera field [J]. Applied Optics, 2022,61(13):3619-3629.

[24] Liu X S, Li A H. An integrated calibration technique for variable-boresight three-dimensional imaging system [J]. Optics and Lasers in Engineering, 2022,153:107005.

[25] 王君臣,王田苗,杨艳,等. 非线性最优机器人手眼标定[J]. 西安交通大学学报,2011,Vol.45(09):15-20+89.

[26] Zhang Y, Qiu Z, Zhang X. A simultaneous optimization method of calibration and measurement for a typical hand-eye positioning system [J]. IEEE Transactions on Instrumentation and Measurement, 2021,Vol.70:5002111.

[27] Li W, Xie H, Zhang G, et al. Hand-eye calibration in visually-guided robot grinding [J]. IEEE Transactions on Cybernetics, 2016,Vol.46(11):2634-2642.

[28] Liu Z, Liu X, Duan G, et al. Precise hand-eye calibration method based on spatial distance and epipolar constraints [J]. Robotics and Autonomous Systems, 2021,Vol.145:103868.

[29] Tsai R Y, Lenz R K. A new technique for fully autonomous and efficient 3D robotics hand/eye calibration [J]. IEEE Transactions on Robotics and Automation, 1989,Vol.5(3):345-358.

[30] Li A H, Li Q, Deng Z J, et al. Risley-prism-based visual tracing method for robot guidance [J]. Journal of the Optical Society of America A, 2020,37(4):705-713.

第 *4* 章

基于单目视觉的机器人导引技术

机器人单目视觉导引技术具有结构简单、配置灵活、易于集成等特点,而且在有合作标志的情况下能够有效估计目标位姿信息。本章首先介绍单目视觉的主要合作标志形式,阐述主流的角点、椭圆等特征检测算法流程,并展开特征检测算法的对比实验。其次,论述利用 SIFT 匹配算法及其改进算法解决多视角图像匹配问题的原理,分别介绍三点位姿估计与定位方法及 RPnP 位姿估计与定位方法,并展开主流位姿解算方法的对比实验。

4.1 常用合作目标

在视觉测量问题中,被测目标的位姿信息获取是关键的研究内容之一。被测目标通常与合作标志绑定,再结合标志点的先验信息解算位姿参数。常用的特征标识有圆形标识、十字标识、对角标识、棋盘格标识等[1],如图 4.1所示。

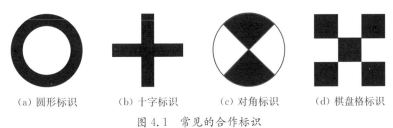

(a) 圆形标识　　　　(b) 十字标识　　　　(c) 对角标识　　　　(d) 棋盘格标识

图 4.1　常见的合作标识

常见的特征识别算法对圆形标识具有较高的响应,而对非圆标识响应较低,同时圆形标识对目标的尺度变换、旋转变换以及仿射变换等具有一定的鲁棒性。但在实际测量场景中，成像视轴无法与特征平面垂直，无法获取标准的圆形特征，而是采用椭圆质心为特征质心。此外，角点作为像素灰度的梯度表征，易实现角点坐标的精准提取，常用于视觉系统标定、多维信息提取及动态目标跟踪。以下着重介绍通用的椭圆和角点的识别及检测方法。

4.2 目标特征识别与提取

4.2.1 角点识别与检测

早期的角点检测方法大多是基于边缘的检测方法，近年来基于图像灰度的角点检测算法备受关注，经典的算法如 Harris 角点检测算法[2]、FAST 角点检测法[3]、SUSAN 角点检测算法[4]。

1) Harris 角点检测法

Harris 角点检测算法利用图像的灰度信息来检测角点。对于一幅图像，角点与自相关函数的曲率特性有关。自相关函数可表示为

$$E(x, y) = \sum_{u, v} \omega_{u, v} \mid I_{u+x, v+y} - I_{u, v} \mid^2 \tag{4.1}$$

式中，ω 为图像窗口，I 为图像灰度。

自相关函数描述了局部图像灰度的变化程度，在角点处图像窗口的偏移 (x, y) 将造成自相关函数 $E(x, y)$ 的显著变化。将式(4.1)用泰勒级数展开并略去高阶项，对图像进行滤波后可以得到：

$$E(x, y) = (x, y)(\boldsymbol{M}(x, y))^{\mathrm{T}} = (x, y) \begin{bmatrix} I_x^2 & I_{xy} \\ I_{xy} & I_y^2 \end{bmatrix}^{\mathrm{T}} \tag{4.2}$$

式中，I_x、I_y 和 I_{xy} 分别为图像像素点在 x 和 y 方向的偏导以及二阶混合偏导，$\boldsymbol{M}$ 表示偏导数构成的 2×2 矩阵。根据 I_x 和 I_y 值的情况可以判断：(1)I_x 和 I_y 值都很小，对应于平坦区；(2)I_x 和 I_y 值一大一小，对应于边缘；(3)I_x 和 I_y 值都很大，对应于角点。

Harris 算子 R 的定义为

$$R = \det(\boldsymbol{M}) - k \cdot \mathrm{tr}^2(\boldsymbol{M}) \tag{4.3}$$

式中，$\mathrm{tr}(\boldsymbol{M})$ 表示矩阵 $\boldsymbol{M}$ 的迹，$\det(\boldsymbol{M})$ 为矩阵的行列式，k 为经验值，常取 $0.04 \sim 0.06$。当 R 大于设定的阈值 T 时，该点为角点。

2) FAST 角点检测法

Rosten 等提出加速分割测试特征(features from accelerated segment test, FAST)角点检测算法。该算法对角点作如下定义:若目标像素邻近范围内有足够多的像素与之不相似,则认为该像素是角点。该算法通常选择一个半径为 3 的离散化的 Bresenham 圆作为目标像素的考察区域,如图 4.2 所示。

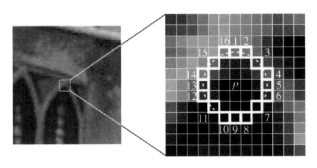

图 4.2　FAST 算法模板示意图

一个像素是否为角点可通过计算 FAST 角点响应函数来判断:

$$N = \sum_{x\,\forall\,(\text{circle}(p))} |I(x) - I(p)| > t \qquad (4.4)$$

式中,$I(x)$ 为圆周上任意像素 x 的灰度值;$I(p)$ 为目标像素 p 的灰度值;t 是一个给定的阈值。通过上述角点响应函数,可以累加出圆周上满足公式(4.4)的像素数目 N。若 N 大于给定的角点响应函数阈值,则该像素被视为候选角点。通常,FAST 角点检测算法中角点响应函数阈值设为 12。

为了能够执行非极大值抑制,去除角点邻域范围内的伪角点,特定义一个得分函数,用于计算每个检测角点的得分值,计算公式如下:

$$V = \max\left(\sum_{x \in S_{\text{brighter}}} |I_{p \to x} - I| - t, \sum_{x \in S_{\text{darker}}} |I - I_{p \to x}| - t\right) \qquad (4.5)$$

式中,

$$\begin{cases} S_{\text{brighter}} = \{x \mid I_{p \to x} \geqslant I_p + t\} \\ S_{\text{darker}} = \{x \mid I_{p \to x} \leqslant I_p - t\} \end{cases} \qquad (4.6)$$

执行非极大值抑制后,在局部窗口上获得的得分极大值对应着最终的角点。

利用 FAST 算法对图像进行角点检测,具体步骤总结如下:

(1) 首先对目标像素圆周上编号为 1、5、9 和 13 的 4 个像素进行检查,若

此 4 个像素中至少有 3 个像素不与目标像素相似,则该像素可能是角点,进行下一步;反之,则对下一个目标像素进行检查;

（2）对可能是角点的所有像素进行角点响应函数值的计算;

（3）设定阈值,若图像中像素的角点响应函数值大于给定的阈值,则该像素为候选角点,反之则为非角点;

（4）计算每一个候选角点的得分值 V 并执行非极大值抑制,得到最终角点。

3）SUSAN 角点检测算法

SUSAN(small univalue segment assimilating nucleus)算法采用圆形模板遍历图像中的像素,通过计算模板上像素与中心像素的灰度差,并将其与设定的灰度差阈值 t 比较,来评估模板上像素与中心像素是否相似来提取角点。具体如下:若模板上像素与中心像素的灰度差小于等于给定的灰度差阈值 t,则认为这两个像素是同值的或相似的,并将满足这一条件的像素组成的区域定义为核值相似区。SUSAN 算法则根据 USAN 区域(核值相似区)的面积来检测角点:当 USAN 区域的面积大于圆形模板的一半时,则认为目标像素处于平坦区域;当 USAN 区域的面积等于圆形模板的一半时,则认为目标像素处于边缘处;当 USAN 区域的面积小于圆形模板的一半时,则认为目标像素处于角点处。评估模板上像素与中心像素是否相似的公式如下:

$$c(u,v) = \begin{cases} 1, & |I(x,y) - I(u,v)| \leqslant t \\ 0, & |I(x,y) - I(u,v)| > t \end{cases} \tag{4.7}$$

式中,I 为像素的灰度值;(x,y) 和 (u,v) 分别为中心像素坐标和圆形模板上像素坐标。统计模板上与中心像素相似的像素数目,得到模板上中心像素 USAN 区域的面积 $n(x,y)$:

$$n(x,y) = \sum c(u,v) \tag{4.8}$$

由中心像素的 USAN 区域的面积可计算其角点响应函数 $R(x,y)$:

$$R(x,y) = \begin{cases} g - n(x,y), & n(x,y) < g \\ 0, & \text{其他} \end{cases} \tag{4.9}$$

角点响应函数计算完毕,最后执行非极大值抑制,确定最终角点。

SUSAN 角点检测算法的具体步骤总结如下:

（1）评估图像中像素与其模板上像素是否相似;

（3）计算图像中像素 USAN 区域的面积；

（3）计算图像中像素的角点响应函数；

（4）执行非极大值抑制,得到最终的角点检测结果。

4.2.2　椭圆识别与检测

椭圆特征的识别与提取,一直是模式识别领域里的研究热点,经过国内外学者多年的研究发展,现有的椭圆检测方法主要可以分为以下两类:投票(聚类)法以及最优化法。其中,随机 Hough 变换椭圆检测法是典型的投票(聚类)法,该方法综合运用了最小二乘法和 Hough 变换法,具有较高的检测效率,但是由于它基于随机采样,检测精度会依赖参数的选取,这会增大误检的概率。直接最小二乘法椭圆拟合算法属于典型的最优化法[6],该方法检测精度高,能保证拟合出来的一定是椭圆,但是对孤立点和噪声点较为敏感,且一次只能处理一个图形,有时需要结合其他算法一起使用。

如图 4.3 所示,椭圆目标识别与提取方法可以归纳为以下步骤:

图 4.3　椭圆特征识别与提取方法流程图

（1）图像预处理:依据亮度方程进行灰度变换,选取自适应阈值作为二值化分割依据;

（2）噪声点去除:采用均值滤波算法去除图像中由于脉冲干扰等产生的噪声,即椒盐噪声;

（3）轮廓提取:采用轮廓边缘检测算法对图像进行边缘检测;

（4）椭圆圆心提取:采用亚像素级定位算法提取特征点的中心坐标。

4.2.2.1　轮廓边缘检测

1) Canny 边缘检测算子

Canny 边缘检测算子提出边缘检测的信噪比准则、非极大值抑制、双阈值原则等,其边缘检测效果优于一阶微分梯度算子、二阶微分梯度算子。虽然 Canny 算子的计算量大,但仍然是目前公认最好的像素级边缘检测算子[7]。采用 Canny 算子进行边缘检测的具体步骤总结如下。

（1）图像滤波:对原图像检测二维的高斯滤波消除噪声;

（2）计算梯度：计算出每个像素点对应的梯度值及梯度方向；

（3）非极大值抑制：根据每个像素的梯度方向，找到二个相邻的像素点，比较该像素点与相邻像素点的梯度值，若该像素点不是最大值，则置零；

（4）边缘点确定：结合双阈值参数设置遍历图像中每个像素点，若像素点的梯度值大于高阈值则为边缘点，若小于低阈值则不是边缘点，若像素点的梯度值小于高阈值且大于低阈值，则判断该点的 8 临域内是否含有边缘点，若含有边缘点则该点不是边缘点，否则认为该点是边缘点。

2）基于高斯曲线拟合的边缘检测算法

如图 4.4 所示，选取第一个红色星号点作为参考点，依次计算其他的红色星号点到参考点的距离作为拟合位置 x_i，同时将该点对应的像素点的梯度幅值作为拟合函数值 Z_i[8]。

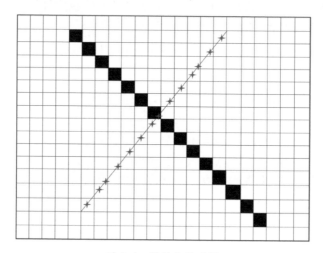

图 4.4　插值点的选择

根据高斯函数定义，一维高斯曲线方程表示为

$$Z = ae^{-\frac{(x-c)^2}{b}} \qquad (4.10)$$

对式（4.10）两边取对数，得

$$\ln Z = -\frac{x^2}{b} + \frac{2cx}{b} + \ln a - \frac{c^2}{b} \qquad (4.11)$$

定义 $k_0 = \ln a - c^2/b$、$k_1 = 2c/b$、$k_2 = -1/b$，上式可简化为

$$\ln Z = k_2 x^2 + k_1 x + k_0 \tag{4.12}$$

根据最小二乘拟合算法原理,拟合残余误差为 $D_i = k_2 x^2 + k_1 x + k_0 - \ln Z$。求 $D = \sum D_i^2$ 的极小值,分别对 k_0、k_1、k_2 求偏导,有 $\partial Q/\partial k_0 = \partial Q/\partial k_1 = \partial Q/\partial k_2 = 0$,可得

$$\boldsymbol{X} = (\boldsymbol{A}^{\mathrm{T}}\boldsymbol{A})^{-1}\boldsymbol{A}^{\mathrm{T}}\boldsymbol{B} \tag{4.13}$$

式中, $\boldsymbol{A} = \begin{bmatrix} x_1^2 & x_1 & 1 \\ x_2^2 & x_2 & 1 \\ & \vdots & \\ x_n^2 & x_n & 1 \end{bmatrix}$, $\boldsymbol{X} = \begin{bmatrix} k_2 \\ k_1 \\ k_0 \end{bmatrix}$, $\boldsymbol{B} = \begin{bmatrix} \ln Z_1 \\ \ln Z_2 \\ \vdots \\ \ln Z_n \end{bmatrix}$,结合公式(4.10)求得 a,

b, c。

$$\begin{cases} b = -\dfrac{1}{k_2} \\ c = \dfrac{k_1 b}{2} \\ a = e^{k_0 + c^2/b} \end{cases} \tag{4.14}$$

图像边缘在梯度方向上梯度幅值的分布近似高斯曲线分布,极值点对应的位置为边缘点,即 c 对应的位置为亚像素边缘点。

3) 基于密度函数估算的边缘检测算法

根据基于高斯曲线拟合的亚像素边缘检测算法可知,边缘梯度方向上的梯度幅值近似成高斯分布,高斯曲线的极值点对应的位置与高斯曲线分布的密度函数值为 0.5 时对应的位置是同一个位置,即为亚像素边缘点。根据这种思想,先估算图像边缘垂直邻域方向上的梯度幅值。

如图 4.5 所示,网格大小为像素大小。其中黑色网格为像素级边缘,直线为边缘的垂线,蓝色十字点为过垂线的像素点,红色星号点既在垂线上又在像素点范围内,因此红色星号点处的梯度可以近似的等于蓝色十字点处的梯度值。

估算出来的梯度幅值呈阶跃分布,根据估算的梯度幅值计算密度函数,最后找到密度函数值为 0.5 时对应的位置点,即为亚像素边缘点。

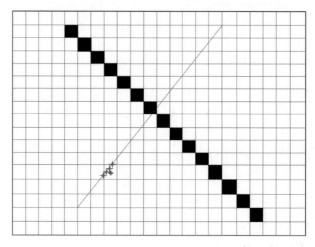

图 4.5 估算梯度值

4.2.2.2 亚像素级定位

特征目标的定位精度是影响系统测量精度的关键因素之一,相比于提高相机硬件分辨率,无论是在经济上还是技术上,高精度的定位方法对测量系统精度的提升都具有更大的优势[9]。

亚像素级定位技术是指采用浮点运算,从图像中分析计算出最符合目标特征的高精度定位方法,可实现优于 0.5 像素的目标定位效果。一般亚像素定位算法的定位精度为 0.1~0.3 像素,部分算法在理想情况下的精度能够达到 0.01 像素。现有的亚像素定位算法主要分为以下三类:矩方法、拟合法和数字相关法。

1) 质心法

质心法是最简单的矩方法,将特征目标图形的质心作为特征点进行精确定位,可以看作是以特征目标的像素灰度为权值的加权算法,常用于对图像中的圆、椭圆、矩形等中心对称目标的高精度定位。质心法的基本表达式为

$$x_m = \frac{\sum_{i=1}^{N} x_i I(x_i, y_i)}{\sum_{i=1}^{N} I(x_i, y_i)}, \ y_m = \frac{\sum_{i=1}^{N} y_i I(x_i, y_i)}{\sum_{i=1}^{N} I(x_i, y_i)} \tag{4.15}$$

式中,(x_m, y_m) 为特征目标图形的质心坐标;(x_i, y_i) 为特征目标区域内的像素点坐标;I_i 为像素点灰度值;N 为特征目标区域内的像素数。质心法简单高

效,对特征区域明显的目标图形具有良好的定位精度,但该算法的定位精度依赖于特征区域的划分并且要求目标灰度分布均匀,当目标平面与相机成像平面存在较大夹角时,采用质心法定位会产生较大的误差。

2) 拟合法

常用的拟合方法有多项式拟合、高斯拟合、椭圆拟合等[10],当特征目标是圆或椭圆时,对提取到的轮廓点进行最小二乘椭圆拟合,确定椭圆目标的中心位置和方向角(长半轴与 u 轴的夹角)。在像素坐标系下,椭圆的基本方程可表示为

$$Au^2 + Buv + Cv^2 + Du + Ev + F = 0 \tag{4.16}$$

采用矩阵求逆或高斯列主元消去等方法求解得到的椭圆参数为(a, b, c, d, e, f),最终得到椭圆的中心坐标(u_0, v_0)及方向角 φ 分别为

$$\begin{cases} u_0 = \dfrac{be - 2cd}{4ac - b^2} \\ v_0 = \dfrac{bd - 2ae}{4ac - b^2} \\ \varphi = \dfrac{1}{2}\arctan\dfrac{b}{a-c} \end{cases} \tag{4.17}$$

最小二乘椭圆拟合法抗噪能力较强,算法稳健,是应用广泛的椭圆检测算法。

4.2.2.3 算法检验

为验证上述算法的正确性、可靠性和定位精度,可以通过仿真的方法来实现。如图 4.6 所示,随机生成 10 张中心位置相同、长短轴大小不等、具有不同方向角的椭圆目标提取图像。其中,椭圆的长半轴 $a \in [5, 35]$ 像素,短半轴 $b \in [4, 28]$ 像素,方向角 $\varphi \in [0, \pi]$ rad。

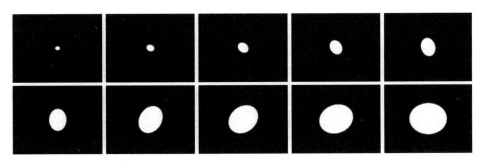

图 4.6　随机生成的 10 张椭圆目标提取图像(理想情况下,不加噪声)

对生成的目标图像分别采用质心法和拟合法进行定位,并验证各算法在理想情况下(不考虑噪声)的定位误差,记作 RMS_{err},可表示为

$$RMS_{err} = \sqrt{\frac{1}{n}\sum_{i=1}^{n} \parallel (u_i , v_i) - (\hat{u}_i , \hat{v}_i)\parallel_2} \tag{4.18}$$

式中,(u_i , v_i) 为理想情况下采用质心法和拟合法定位得到的目标中心坐标,$i=1, 2, \cdots, N$;$(\hat{u}_i, \hat{v}_i)$ 为仿真生成的对应相机成像平面上的目标中心坐标;$n=10$,为目标图像数。仿真实验的结果为:在定位时间上,两种算法大致相当,均在 5 ms 左右;在定位精度上,质心法的均方根,(root mean squared,RMS)误差为 0.065 8 像素,椭圆拟合法的均方根误差为 0.033 5 像素。因此,两种算法均能够实现亚像素级的目标定位。

但是实际数字图像不可避免地存在噪声,因此在上述椭圆目标提取图像中加入一定的随机噪声,然后分别利用质心法和拟合法进行目标定位。其中,高斯噪声的均值为 0、方差为 0.02,椒盐噪声的噪声密度为 0.02,如图 4.7 所示。仿真实验的结果为:质心法的均方根值误差为 1.021 9 像素,椭圆拟合法的均方根值误差为 0.200 4 像素。因此,质心法对噪声较为敏感,抗干扰能力较弱;拟合法通过拟合处理可以有效抑制图像中的噪声。

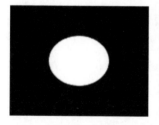 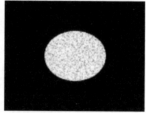 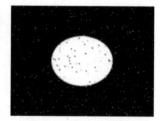

(a) 无噪声影响　　　　　(b) 加入高斯噪声后　　　　　(c) 加入椒盐噪声后

图 4.7　椭圆目标加入随机噪声后的图像

4.3 多视角图像序列匹配

多视角图像之间存在旋转、平移、缩放、亮度变化等现象,特征点的定位经常会产生偏移。针对此问题,SIFT(scale-invariant feature transform)特征匹配算法不受图像旋转、平移和缩放的影响,且在图像亮度变化和视角变化的情况下具有较好的鲁棒性[11]。以下针对 SIFT 及其相关改进算法展开介绍。

4.3.1　SIFT 匹配

SIFT 特征匹配包括尺度空间构造、关键点定位、关键点方向赋值及关键点特征描述等过程[12, 13]。

4.3.1.1　尺度空间构造

在 SIFT 检测算法中,为了获取图像在不同尺度下的特征,引入了尺度空间[14]。图像的尺度空间是指通过一系列窗口宽度递增的单参数高斯滤波器将原始图像滤波得到的一组低频信号,可表示为

$$L(x, y, \sigma) = G(x, y, \sigma) \times I(x, y) \tag{4.19}$$

式中,$L(x, y, \sigma)$ 为图像的尺度空间;$I(x, y)$ 为输入图像;$G(x, y, \sigma)$ 为高斯函数,是唯一可以实现多尺度空间的线性变换核,表示为

$$G(x, y, \sigma) = \frac{1}{2\pi\sigma^2} e^{-(x^2+y^2)/2\sigma^2} \tag{4.20}$$

Mikolajczyk[15]等通过实验发现,尺度归一化的高斯拉普拉斯算子 $\sigma^2 \nabla^2 G$ 的极值具有稳定性,可以实现尺度不变特性。为了提高计算效率,采用高斯差分(difference-of-gaussian, DoG)近似求解:

$$\sigma \nabla^2 G = \frac{\partial G}{\partial \sigma} \approx \frac{G(x, y, k\sigma) - G(x, y, \sigma)}{k\sigma - \sigma} \tag{4.21}$$

$$\Rightarrow G(x, y, k\sigma) - G(x, y, \sigma) = (k-1)\sigma^2 \nabla^2 G$$

式中,k 为常数,不影响极值的位置。因此,采用相邻尺度高斯图像的差值得到的高斯差值图像 $D(x, y, \sigma)$ 具有稳定的特征值。高斯差值图像 $D(x, y, \sigma)$ 为

$$D(x, y, \sigma) = (G(x, y, k\sigma) - G(x, y, \sigma)) \times I(x, y)$$
$$= L(x, y, k\sigma) - L(x, y, \sigma) \tag{4.22}$$

如图 4.8 所示,图像的尺度空间表现为高斯金字塔与高斯差分金字塔的形式。高斯金字塔存在 n 组图像,每组图像由尺寸相同、尺度不同的 $S+3$ 层图像组成。其中,第一组第一层图像的尺度参数为 σ_0,组内其余层图像由上一层图像与尺度参数为 $\sigma(s)$ 的高斯函数卷积得到,下一组的第一层图像由上一组的第 $S+1$ 层图像降采样(即隔点采样)得到。尺度参数 $\sigma(s)$ 为

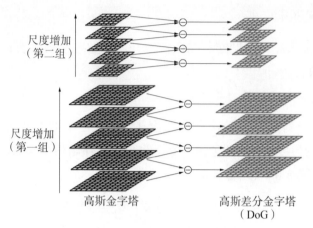

尺度增加
（第二组）

尺度增加
（第一组）

高斯金字塔

高斯差分金字塔
（DoG）

图 4.8　高斯金字塔与高斯差分金字塔示意图

$$\sigma(s) = \sqrt{(k^{s-1}\sigma_0)^2 - (k^{s-2}\sigma_0)^2}, \; s = 2, \cdots, S+3 \tag{4.23}$$

式中，s 为层数的索引值；k 为相邻尺度参数间的倍数，$k = 2^{1/S}$。因此，图像的组内尺度坐标为

$$\sigma_{oct}(s) = k^{s-1}\sigma_0 \tag{4.24}$$

根据图像所处的组 o 和层 s，每幅图像的绝对尺度参数 $\sigma(o, s)$ 为

$$\sigma(o, s) = \sigma_0 2^{o-1} k^{s-1} \tag{4.25}$$

高斯差分图像可由相邻尺度的高斯图像相减得到，共有 n 组、$S+2$ 层图像。为了保留图像的高频信号，一般在建立高斯金字塔前将图像扩展一倍，有助于更全面地提取特征点。

4.3.1.2　关键点定位

如图 4.9 所示，寻找 DoG 尺度空间极值点时，通过将每个像素点与当前图像的八个近邻点及其相邻尺度图像的各九个近邻点进行比较，当其大于或小于所有 26 个近邻点时，该点可被认为是极值点。

然而，由于 DoG 尺度空间是离散空间，上述方法得到的极值点不一定是连续空间上的极值点，可通过三维二次曲面拟合进行极值点的精确定位，提高特征点的稳定性。采用高斯差值图像 $D(x, y, \sigma)$ 在尺度空间的泰勒展开得到：

$$D(\boldsymbol{X}) = D + \frac{\partial D^{\mathrm{T}}}{\partial \boldsymbol{X}} \boldsymbol{X} + \frac{1}{2} \boldsymbol{X}^{\mathrm{T}} \frac{\partial^2 D}{\partial \boldsymbol{X}^2} \boldsymbol{X} \tag{4.26}$$

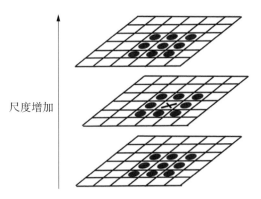

尺度增加

图 4.9　DoG 尺度空间极值点检测示意图

式中，$\boldsymbol{X}=(x，y，\sigma)^{\mathrm{T}}$ 为各参数偏离候选极值点的距离。对公式(4.26)求导并令其等于 0，可得极值点的偏移量为

$$\hat{\boldsymbol{X}}=-\frac{\partial^2 D^{-1}}{\partial \boldsymbol{X}^2}\frac{\partial D}{\partial \boldsymbol{X}} \tag{4.27}$$

对应的公式(4.26)的函数值为

$$D(\hat{\boldsymbol{X}})=D+\frac{1}{2}\frac{\partial D^{\mathrm{T}}}{\partial \boldsymbol{X}}\hat{\boldsymbol{X}} \tag{4.28}$$

若求解得到的偏移量 $\boldsymbol{X}$ 在某一维度(x、y 或者 σ)上大于 0.5，则极值点改变。在新的极值点位置上反复插值直至收敛，若不收敛，则删除该极值点。若 $|D(\hat{\boldsymbol{X}})|$ 过小，则该极值点易受噪声等干扰的影响，故删除 $|D(\hat{\boldsymbol{X}})|<0.03$ 的极值点。

考虑到高斯差分函数对边缘的敏感性，边缘处的极值点即使噪声很小也较难保持稳定。采用 Hessian 矩阵 $\boldsymbol{H}$ 表示关键点位置处的主曲率为

$$\boldsymbol{H}=\begin{bmatrix} D_{xx} & D_{xy} \\ D_{xy} & D_{yy} \end{bmatrix} \tag{4.29}$$

假设 α 为矩阵 $\boldsymbol{H}$ 的最大特征值，β 为最小特征值，分别表示 D 在两垂直方向上的主曲率，其满足：

$$\mathrm{tr}(\boldsymbol{H})=D_{xx}+D_{yy}=\alpha+\beta \tag{4.30}$$

$$\det(\boldsymbol{H})=D_{xx}D_{yy}-(D_{xy})^2=\alpha\beta \tag{4.31}$$

显然，行列式的值不可能为负值，因此当主曲率符号不同时，该点不为关

键点,舍去该点。令 $\alpha = r\beta$,则:

$$\frac{\text{tr}(\boldsymbol{H})^2}{\det(\boldsymbol{H})} = \frac{(\alpha + \beta)^2}{\alpha\beta} = \frac{(r+1)^2}{r} \tag{4.32}$$

当 $\alpha = \beta$ 时,$(r+1)^2/r$ 最小。随着 r 的增加,$(r+1)^2/r$ 增加。因此,若要检测极值点是否处于边缘,只需检查是否满足:

$$\frac{\text{tr}(\boldsymbol{H})^2}{\det(\boldsymbol{H})} < \frac{(r+1)^2}{r} = \frac{11^2}{10} \tag{4.33}$$

经过精确定位和主曲率检查后的极值点即为图像的关键点。

4.3.1.3 关键点方向赋值

为了保证检测得到的关键点具有旋转不变性,需要为每一个关键点赋予主方向。对于上述检测得到的关键点,其周围邻域内像素的梯度幅值 $m(x, y)$ 与方向 $\theta(x, y)$ 分别为

$$m(x, y) = \sqrt{(L(x+1, y) - L(x-1, y))^2 + (L(x, y+1) - L(x, y-1))^2} \tag{4.34}$$

$$\theta(x, y) = \arctan \frac{L(x, y+1) - L(x, y-1)}{L(x+1, y) - L(x-1, y)} \tag{4.35}$$

如图 4.10 所示,采用梯度方向直方图统计该邻域内像素的方向与梯度幅值。将 $0\sim360°$ 的方向范围分为 36 份,邻域内每个像素梯度幅值经过参数为 $1.5\sigma_{oct}(s)$ 的高斯权重公式加权后得到,并将其添加到对应的直方图中。直方图的峰值方向即为关键点的主方向。为了提高匹配的鲁棒性,将大于主方向峰值 80% 的局部峰值方向作为该关键点的辅方向。最后,通过峰值附近的 3

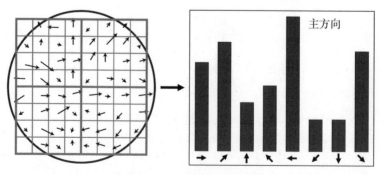

图 4.10 特征点的方向直方图

个直方图值的抛物线插值获得关键点方向的精确值。将含有位置、尺度和方向信息的关键点称为 SIFT 特征点。

4.3.1.4　关键点特征描述

为了使关键点不受外界条件变化的影响,如光照和视角变化等,采用一组矢量对关键点进行描述,称为 SIFT 描述子。

如图 4.11 所示,取描述子窗口为 4×4,即将关键点周围区域划分为 4×4 的子区域,每个区域边长为 $3\sigma_{oct}(s)$,根据公式(4.34)和公式(4.35)计算子区域内每个像素的梯度幅值和方向。取高斯权重公式的参数 σ 等于描述子窗口的一半,对每个像素的梯度幅值进行加权处理,可以避免描述子因为窗口位置的微小变化而产生突变。为了保持描述子的旋转不变性,需要将描述子窗口内的像素坐标及其方向旋转 θ 角度,其中 θ 角度为关键点的方向。然后在每个子区域内建立 8 个方向的梯度直方图,每个方向区间为 $45°$,计算各方向区间的梯度累加值。由于存在 4×4 个子区域,可形成 $4 \times 4 \times 8 = 128$ 个数据。因此,关键点的描述子为 128 维矢量。为了防止特征描述子发生突变,需要采用三线性插值的方法将每个像素的梯度幅值分配到邻近的子区域与邻近的直方图中。

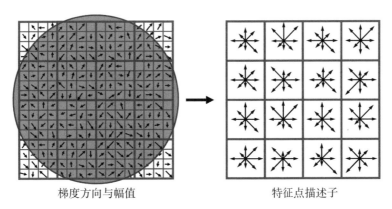

梯度方向与幅值　　　　　　　　特征点描述子

图 4.11　描述子生成过程

最后,需要修改特征矢量来减小光照变化的影响。图像对比度的改变仅相当于将各像素值乘以一个常数,相应地,各像素的梯度幅值也将乘以一个常数而梯度方向不改变。因此,可通过对特征矢量进行归一化处理以消除对比度变化的影响。非线性光照、相机饱和度变化会使某些方向的梯度幅值产生较大变化而对梯度方向的影响较小,因此,可通过设置特征矢量的阈值(一般取 0.2)来截断较大的梯度幅值,再进行归一化处理以增大特征矢量,提高特征的可鉴别性。

4.3.2 Root-SIFT 匹配

Root-SIFT 是 SIFT 的改进算法[16]，提升了特征点的匹配性能和量化精度。SIFT 使用欧式距离来比较直方图，而 Root-SIFT 则采用 Hellinger 距离进行比较。假设 x、y 为单位向量，则两者间的欧式距离为

$$d_E(x, y) = \| x - y \|_2^2 = 2 - 2S_E(x, y) \tag{4.36}$$

式中，$S_E(x, y) = x^T y$，为向量间的相关性（核），$\| x \|_2^2 = 1$ 且 $\| y \|_2^2 = 1$。

对于 L_1 归一化后的 x、y 直方图，有 $\sum_i^n x_i = 1$，$x_i > 0$，则两者的 Hellinger 距离为

$$H(x, y) = \sum_i^n x_i y_i \tag{4.37}$$

利用 Helinger 变换生成 Root-SIFT 的过程非常简单。首先将 SIFT 特征向量（对应的模是单位化的 $L2$ 范数）进行 $L1$ 归一化，然后对每一特征向量的所有分量进行均方根处理。由于 $S_E(\sqrt{x}, \sqrt{y}) = \sqrt{x}^T \sqrt{y} = H(x, y)$，因此处理后的特征向量将是 $L2$ 归一化的，因为 $S_E(\sqrt{x}, \sqrt{x}) = \sum_i^n x_i = 1$。

采用欧式距离对 Root-SIFT 特征向量进行比较等价于使用 Hellinger 核来比较原始的 SIFT 特征向量，这是因为：

$$d_E(\sqrt{x}, \sqrt{x}) = 2 - 2H(x, y) \tag{4.38}$$

4.3.3 ASIFT 配准

ASIFT（affine-SIFT）[17]继承了 SIFT 的旋转、尺度不变性等优点，并弥补了其在抗仿射方面的不足，因此适用于更为复杂或约束相对严格的场合。它不仅能在低重叠度的情况下检测到较为充足的特征点，还因其具备对相机轴向角的不变性，能够有效解决尺度、视差变化较大的图像匹配问题。

算法的主要步骤如下：

（1）模拟由相机轴向运动而造成的所有可能的仿射变换，这些变换参数可归纳为经度 φ 和纬度 θ。ASIFT 算法通过对经度 φ 和纬度 θ 的连续采样来实现图像不同视角的变换。φ 对应于旋转量，参数 $t = 1/|\cos\theta|$ 是对应的倾斜量。

先对 θ 进行 n 次采样,使得 t 的样本为等比数列,其中首项为 1,公比 $a >$
1。一般取 $a = \sqrt{2}$,$n \geqslant 5$。从而可通过对 t 的次采样实现对相机轴向倾斜量
的采样。然后基于 θ 的样本序列,进一步在经度上采样,生成数列 $\{0,$
$b/t, \cdots, kb/t\}$,其中 $b \cong 72$。可通过抗锯齿滤波器(如高斯滤波器,核函数的
标准差为 $c\sqrt{t^2 - 1}$)对轴向 x 进行滤波,得到参数 t。t 服从如下分布:$\Delta t =$
$t_k + 1/t_k$。一般情况下,$c = 0.8$、$\Delta t = \sqrt{2}$。

(2)考虑到所有可能的仿射情形,利用仿射变换矩阵对源图像进行变换,
生成一系列的模拟图像。通过相似不变性匹配算法对所有模拟序列进行比
较。对于任一特征点,构建仿射不变性的特征描述子。

4.4　位姿估计与导引定位

4.4.1　三点位姿估计与定位方法

利用合作目标特征的位姿估计与定位是目前应用最为广泛的方法,其核
心在于如何求解 PnP 问题。此类问题的代表性解算方法为基于三点特征的位
姿估计方法[18],目前也有研究通过融合冗余控制点、改进代价函数、引入线性
特征等策略来提升位姿估计的精度和鲁棒性[19]。基于三点特征的位姿估计方
法用于解决透视三点问题,其测量模型采用的合作目标结构相对简单,故在图
像中检测到目标之后进行特征点匹配也相对容易。

三点位姿解算示意图如图 4.12 所示,A、B、C 表示合作目标上的特征
点,合作目标的结构尺寸已知,也就是 AB、AC、BC 的长度已知,图像平面上
A、B、C 的像 A'、B'、C'在图像上的坐标
可以利用图像处理的方法提取,O 点到像平
面 $A'B'C'$的距离为相机焦距,相机像元尺寸
等相机内参数已知,所以 $A'B'$、$B'C'$、$A'C'$
的长度可以计算得到,OA'、OB'、OC'的长
度可以计算得到。$\angle A'OC'$、$\angle A'OB'$、
$\angle B'OC'$的值可以利用 $A'B'$、$B'C'$、$A'C'$、
OA'、OB'、OC'的长度计算得到,计算的方
法如式(4.39)所示。

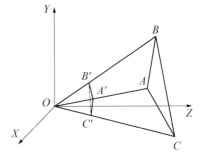

图 4.12　三点位姿解算示意图

$$\cos\angle A'OB' = \frac{OA'^2 + OB'^2 + A'B'^2}{2 \cdot OA' \cdot OB'}$$

$$\cos\angle A'OC' = \frac{OA'^2 + OC'^2 + A'C'^2}{2 \cdot OA' \cdot OC'} \tag{4.39}$$

$$\cos\angle B'OC' = \frac{OB'^2 + OC'^2 + B'C'^2}{2 \cdot OB' \cdot OC'}$$

通过计算得到 $\angle A'OC'$、$\angle A'OB'$、$\angle B'OC'$ 的值，AB、AC、BC 的长度已知，则可以利用 $\angle A'OC'$、$\angle A'OB'$、$\angle B'OC'$、AB、AC、BC 计算 OC、OB、OA 的长度，为了公式简洁，令 $\alpha = \angle A'OB'$、$\beta = \angle A'OC'$、$\gamma = \angle B'OC'$、$a = BC$、$b = AC$、$c = AB$、$x = OA$、$y = OB$、$z = OC$，则可以将 a、b、c、α、β、γ、x、y、z 表示成式(4.40)的形式：

$$\begin{cases} x^2 + y^2 - 2xy\cos\alpha = c^2 \\ x^2 + y^2 - 2xz\cos\alpha = b^2 \\ x^2 + y^2 - 2yz\cos\alpha = a^2 \end{cases} \tag{4.40}$$

式中，a、b、c、α、β、γ 为已知量，x、y、z 为待求量式(4.40)共有 8 组解，其中负值解有 4 组，负值解不满足要求，所以最多有 4 组正解。将式(4.40)中的前两项中的 y 和 z 表示成 x 的方程，式(4.40)可以表示为式(4.41)～式(4.44)所示的四种形式：

$$\begin{cases} y = x\cos\alpha + (c^2 - x^2\sin^2\alpha)^{\frac{1}{2}} \\ z = x\cos\beta + (b^2 - x^2\sin^2\beta)^{\frac{1}{2}} \\ y^2 + z^2 - 2yz\cos\gamma = a^2 \end{cases} \tag{4.41}$$

$$\begin{cases} y = x\cos\alpha + (c^2 - x^2\sin^2\alpha)^{\frac{1}{2}} \\ z = x\cos\beta - (b^2 - x^2\sin^2\beta)^{\frac{1}{2}} \\ y^2 + z^2 - 2yz\cos\gamma = a^2 \end{cases} \tag{4.42}$$

$$\begin{cases} y = x\cos\alpha - (c^2 - x^2\sin^2\alpha)^{\frac{1}{2}} \\ z = x\cos\beta + (b^2 - x^2\sin^2\beta)^{\frac{1}{2}} \\ y^2 + z^2 - 2yz\cos\gamma = a^2 \end{cases} \tag{4.43}$$

$$\begin{cases} y = x\cos\alpha - (c^2 - x^2\sin^2\alpha)^{\frac{1}{2}} \\ z = x\cos\beta - (b^2 - x^2\sin^2\beta)^{\frac{1}{2}} \\ y^2 + z^2 - 2yz\cos\gamma = a^2 \end{cases} \tag{4.44}$$

虽然以上给出了方程的四种解,但在实际情况下相机和靶标的位置和姿态关系是唯一的。为了从以上四种情况中选择符合相机和靶标位置关系的情况,必须研究解的情况和特征点排布与相机位置之间的联系[20-23]。如图 4.13 所示,A、B、C 代表三个特征点,E、F、G、H 代表四个平面,M、N 代表区域。平面 G 垂直于直线 AB,平面 H 垂直于直线 AC,平面 E 垂直于直线 BD,

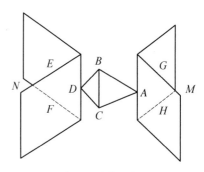

图 4.13　特征点排布与解的对应关系

平面 F 垂直于直线 CD,直线 AB 垂直于直线 BD,直线 AC 垂直于直线 CD,M 是平面 G 和 H 所围成的区域,区域 N 是平面 E 和 F 所围成的区域。

当相机的物方主点出现在区域 M 时,方程(4.40)的解对应式(4.41);当相机的物方主点位于 N 区域时,方程(4.40)的解对应式(4.44)。利用图像上特征点的坐标、相机内参数、合作目标尺寸、特征点排布与相机的关系可以计算 x、y、z 的长度。利用 x、y、z 的长度,相机焦距 f,特征点 A、B、C 的像 A'、B'、C' 在图像中的坐标值 (x_A, y_A)、(x_B, y_B)、(x_C, y_C),图像中心点坐标值 (u_0, v_0),可以计算特征点 A、B、C 在相机坐标系下的坐标 (X_{AC}, Y_{AC}, Z_{AC})、(X_{BC}, Y_{BC}, Z_{BC})、(X_{CC}, Y_{CC}, Z_{CC}),计算方法如式(4.45):

$$X_{AC} = \frac{x(x_A - u_0)}{|OA'|}, \ Y_{AC} = \frac{x(y_A - v_0)}{|OA'|}, \ Z_{AC} = \frac{xf}{|OA'|}$$

$$X_{BC} = \frac{y(x_B - u_0)}{|OA'|}, \ Y_{BC} = \frac{y(y_B - v_0)}{|OA'|}, \ Z_{BC} = \frac{yf}{|OA'|} \tag{4.45}$$

$$X_{CC} = \frac{z(x_C - u_0)}{|OA'|}, \ Y_{CC} = \frac{y(y_C - v_0)}{|OA'|}, \ Z_{CC} = \frac{zf}{|OA'|}$$

根据式(4.45)求得特征点 A、B、C 在相机坐标系下的坐标 (X_{AC}, Y_{AC}, Z_{AC})、(X_{BC}, Y_{BC}, Z_{BC})、(X_{CC}, Y_{CC}, Z_{CC}),合作目标是专门为测量设计的,所以特征点在合作目标坐标系下的坐标 (X_{AO}, Y_{AO}, Z_{AO})、(X_{BO}, Y_{BO}, Z_{BO})、(X_{CO}, Y_{CO}, Z_{CO}) 为已知量。根据特征点 A、B、C 在相机坐标系和合作目标

坐标系下的坐标值可以求相机坐标系(C)与合作目标坐标系(O)之间的位置和姿态关系,用 R 和 T 分别表示相机坐标系 C 与目标坐标系 O 之间的旋转矩阵和平移向量,根据坐标系变换理论可得:

$$C = RO + T \tag{4.46}$$

式(4.46)适用于特征点坐标在相机坐标系和合作目标坐标系之间的变换,同样适用于向量在两坐标系中的变换。将 3 个特征点的坐标带入(4.46)求解需同时引入特征点之间的位置关系作为约束,求解过程较复杂,利用向量同样适用于(4.46)的特点,利用向量方式先求旋转矩阵 R,再求平移向量 T 可以有效简化求解过程。向量变换没有平移向量 T,于是式(4.46)变为式(4.47)的形式:

$$n_c = R n_o \tag{4.47}$$

式中,n_c 和 n_o 代表同一向量在相机坐标系和目标坐标系中的坐标。三个特征点可以确定两个线性无关的向量 n_1 和 n_2,第三个向量可以根据 $n_3 = n_1 \times n_2$ 的方式求得,则三个特征点可以确定三个线性无关的向量,将向量在相机坐标系中的坐标表为 $n_c = (n_{c1}, n_{c2}, n_{c3})$,在合作目标坐标系中的坐标表示为 $n_o = (n_{o1}, n_{o2}, n_{o3})$,则由式(4.47)可得式(4.48):

$$R = n_c n_o^{-1} \tag{4.48}$$

由式(4.46)和式(4.48)可以得到式(4.49),其中 T 就是两坐标系之间的位置关系向量:

$$T = C - RO \tag{4.49}$$

获得旋转矩阵 R 之后,需要继续求得相机坐标系和合作目标坐标系之间的姿态角,根据第二章中讲到的旋转矩阵变换关系,按照先绕 X 轴旋转 α,再绕 Y 轴旋转 β,最后绕 Z 轴旋转 γ 的顺序可得旋转矩阵 R,如式(4.50)所示:

$$R = \begin{bmatrix} \cos\gamma & -\sin\gamma & 0 \\ \sin\gamma & \cos\gamma & 0 \\ 0 & 0 & 1 \end{bmatrix} \begin{bmatrix} \cos\beta & 0 & \sin\beta \\ 0 & 1 & 0 \\ -\sin\beta & 0 & \cos\beta \end{bmatrix} \begin{bmatrix} 1 & 0 & 0 \\ 0 & \cos\alpha & \sin\alpha \\ 0 & \sin\alpha & \cos\alpha \end{bmatrix}$$

$$= \begin{bmatrix} \cos\beta\cos\gamma & \sin\alpha\sin\beta\cos\gamma - \cos\alpha\sin\gamma & \sin\alpha\sin\beta\cos\gamma + \sin\alpha\sin\gamma \\ \cos\beta\sin\gamma & \sin\alpha\sin\beta\sin\gamma + \cos\alpha\cos\gamma & \sin\alpha\sin\beta\sin\gamma - \sin\alpha\cos\gamma \\ -\sin\beta & \sin\alpha\sin\beta & \cos\alpha\cos\beta \end{bmatrix}$$

$$\tag{4.50}$$

将旋转矩阵中各个元素写成变量形式,则(4.50)可以表示为

$$\boldsymbol{R} = \begin{bmatrix} r_{11} & r_{12} & r_{13} \\ r_{21} & r_{22} & r_{23} \\ r_{31} & r_{32} & r_{33} \end{bmatrix} \tag{4.51}$$

当 $\beta \neq \pm 90°$ 时,姿态角 α、β、γ 的求解方法表示为

$$\alpha = \arctan \frac{r_{32}}{r_{33}}$$

$$\beta = -\arctan \frac{r_{31}}{\sqrt{r_{11}^2 + r_{21}^2}} \tag{4.52}$$

$$\gamma = \arctan \frac{r_{21}}{r_{11}}$$

4.4.2　RPnP 位姿估计与定位方法

由于 PnP 位姿解算问题与三维合作目标的配置直接相关,将目标参考点的配置划分为一般三维情况、平面情况和准奇异情况三类,研究提出了一种稳定的非迭代 PnP 位姿求解方法,称为 RPnP[24]。该方法可稳定地处理平面、非平面和近似平面的数据点,而不需要区别对待。

对于 3 个目标点 P_i、P_j 和 P_k,求解对应的目标深度 i、j 和 k。由约束关系可得,问题的求解最终等效于求解一个 4 阶多项式方程:

$$f(t) = at^4 + bt^3 + ct^2 + dt + e = 0 \tag{4.53}$$

如图 4.14 所示,n 个三维目标点 $P_i(i=1,\cdots,n)$,投影到归一化图像平面的点为 $p_i(i=1,\cdots,n)$,P_i 两个目标点间的边缘为 $\{p_i p_j | i > j, i \in \{1,\cdots,n\}, j \in \{1,\cdots,n\}\}$。首先,选取一条边缘为 $p_{i0} p_{j0}$,并将其作为旋转轴,由此建立正交坐系 O_a-$X_a Y_a Z_a$。其中,坐标系 O_a-$X_a Y_a Z_a$ 的原点为 $p_{i0} p_{j0}$ 的中心点,X_a 轴的方向与 $p_{i0} p_{j0}$ 方向相同。建立坐标系 O_a-$X_a Y_a Z_a$ 后,可将世界坐标系下的点 P_i 变换到这一新的正交坐标系 $q_i^a = [x_i^a, y_i^a, z_i^a]^{\mathrm{T}}$。则,$O_a$-$X_a Y_a Z_a$ 到相机坐标系 O_c-$X_c Y_c Z_c$ 的变换关系便可由旋转轴 X_a 方向,绕 X_a 轴旋转角度 α 和平移向量 $\overrightarrow{O_c O_a}$ 确定。

1) 旋转轴 X_a 方向的确定

将 n 个目标点划分为 $(n-2)$ 个子集,每个子集包含 3 个点,且包含所选取

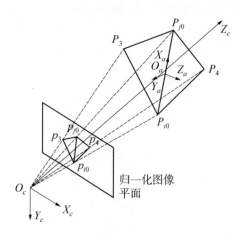

图 4.14　目标点投影成像关系

的旋转轴 $p_{i0}p_{j0}$，即，$\{p_{i0}p_{j0}p_k \mid k \neq i_0, k \neq j_0\}$。 而由每组的 3 点约束关系都可得到一个 4 阶多项式方程，因此，最终可建立以下 $(n-2)$ 个多项式方程组：

$$
\begin{cases}
f_1(t) = a_1 t^4 + b_1 t^3 + c_1 t^2 + d_1 t + e_1 = 0 \\
f_2(t) = a_2 t^4 + b_2 t^3 + c_2 t^2 + d_2 t + e_2 = 0 \\
\quad\quad\quad\quad\quad\vdots \\
f_n(t) = a_n t^4 + b_n t^3 + c_n t^2 + d_n t + e_n = 0
\end{cases}
\tag{4.54}
$$

虽然采用线性方法可很容易求解式(4.54)的多项式方程组，但是有可能会产生不一致的解[25]。这里采用最小二乘法求取方程组的解，建立代价函数 $F = \sum_{i=1}^{n-2} f_i^2(t)$，则式(4.54)的解转化为求取使代价函数 F 最小的 t，也即

$$
\begin{cases}
F'(t) = \sum_{i=1}^{n-2} f_i(t) f_i'(t) = 0 \\
F''(t) > 0
\end{cases}
\tag{4.55}
$$

式中，F' 为 7 阶多项式，采用特征值方法可很容易地求解。得到 t 的解后，对应的 p_{i0}、p_{j0} 的目标深度 λ_{i0}、λ_{j0} 便可计算出[26]，于是旋转轴 X_a 方向可得到

$$
X_a = \overrightarrow{p_{i0}p_{j0}} / \parallel p_{i0}p_{j0} \parallel
\tag{4.56}
$$

2) 同时确定绕 X_a 轴旋转角 α 和平移向量 $\overrightarrow{O_cO_a}$

旋转轴 X_a 方向确定后,由坐标系 O_a-$X_aY_aZ_a$ 到相机坐标系 O_c-$X_cY_cZ_c$ 的旋转矩阵可表示为

$$R = \boldsymbol{R}_{X_a}Rot(X_a,\alpha) = \begin{bmatrix} X_a^{\mathrm{T}} \\ Y_a^{\mathrm{T}} \\ Z_a^{\mathrm{T}} \end{bmatrix} Rot(X_a,\alpha) = \begin{bmatrix} r_1 & r_2 & r_3 \\ r_4 & r_5 & r_6 \\ r_7 & r_8 & r_9 \end{bmatrix} \begin{bmatrix} 1 & 0 & 0 \\ 0 & c & -s \\ 0 & s & c \end{bmatrix}$$

$$(4.57)$$

式中,$\boldsymbol{R}_{X_a}$ 为任意的旋转矩阵,其第一行 $[r_1 \quad r_2 \quad r_3]$ 等于旋转轴 X_a 方向, Y_a,Z_a 的选取只需满足使旋转矩阵 $\boldsymbol{R}_{X_a}$ 正交约束;$Rot(X_a,\alpha)$ 表示绕 X_a 轴 旋转 α 角,其中,$c = \cos\alpha$,$s = \sin\alpha$。

于是,目标三维点投影到归一化图像平面可表示为

$$\lambda_i \begin{bmatrix} u_i \\ v_i \\ 1 \end{bmatrix} = \begin{bmatrix} r_1 & r_2 & r_3 \\ r_4 & r_5 & r_6 \\ r_7 & r_8 & r_9 \end{bmatrix} \begin{bmatrix} 1 & 0 & 0 \\ 0 & c & -s \\ 0 & s & c \end{bmatrix} \begin{bmatrix} x_i^a \\ y_i^a \\ z_i^a \end{bmatrix} + \begin{bmatrix} t_x \\ t_y \\ t_z \end{bmatrix} \qquad (4.58)$$

式中,$[u_i,v_i,1]^{\mathrm{T}}$ 为 p_i 归一化成像坐标;$[t_x,t_y,t_z]^{\mathrm{T}}$ 为平移向量。化简 式(4.58)可得到下面 $2n \times 6$ 的齐次线性方程组,其中未知变量为 $[c,s,t_x,$ $t_y,t_z,1]^{\mathrm{T}}$。

$$[A_{2n\times1} \quad B_{2n\times1} \quad C_{2n\times4}] \begin{bmatrix} c \\ s \\ t_x \\ t_y \\ t_z \\ 1 \end{bmatrix} = 0 \qquad (4.59)$$

式中,$A_{2n\times1} = \begin{bmatrix} -r_2 y_1^a + u_1 r_8 y_1^a + u_1 r_9 z_1^a - r_3 z_1^a \\ -r_5 y_1^a + v_1 r_8 y_1^a + v_1 r_9 z_1^a - r_6 z_1^a \\ \vdots \\ -r_2 y_n^a + u_n r_8 y_n^a + u_n r_9 z_n^a - r_3 z_n^a \\ -r_5 y_n^a + v_n r_8 y_n^a + v_n r_9 z_n^a - r_6 z_n^a \end{bmatrix}$,

$$B_{2n \times 1} = \begin{bmatrix} -r_3 y_1^a + u_1 r_9 y_1^a - u_1 r_8 z_1^a + r_2 z_1^a \\ -r_6 y_1^a + v_1 r_9 y_1^a - v_1 r_8 z_1^a + r_5 z_1^a \\ \vdots \\ -r_3 y_n^a + u_n r_9 y_n^a - u_n r_8 z_n^a + r_2 z_n^a \\ -r_6 y_n^a + v_n r_9 y_n^a - v_n r_8 z_n^a + r_5 z_n^a \end{bmatrix},$$

$$C_{2n \times 4} = \begin{bmatrix} -1 & 0 & u_1 & u_1 r_7 x_1^a - r_1 x_1^a \\ 0 & -1 & v_1 & v_1 r_7 x_1^a - r_4 x_1^a \\ \vdots & \vdots & \vdots & \vdots \\ -1 & 0 & u_n & u_n r_7 x_n^a - r_1 x_n^a \\ 0 & -1 & v_n & v_n r_7 x_n^a - r_4 x_n^a \end{bmatrix}$$

采用奇异值分解方法[26]解上述线性方程组便可求出未知变量 $[c, s, t_x, t_y, t_z, 1]^T$。

3）相机位姿的确定

由 2）可以很容易得到目标点在相机坐标系下的坐标，然后采用绝对定向算法求解相机的旋转矩阵 R 和平移向量 T。但是，受噪声影响，式（4.59）的解可能不严格地满足三角函数约束 $c^2 + s^2 = 1$，不过可对式（4.57）中最后的旋转矩阵 R 施加正交约束减小这一影响。另外，由式（4.54）定义的代价函数 F 最多可能有 4 个局部最小值。实际中，可求取每个最小值对应的位姿解，最后选取使重投影残差最小时对应的解作为相机位姿最优解。

4.4.3 算法对比实验

本节开展了主流单目视觉位姿算法的对比实验，包括直接线性变换算法 DLT[27]、EPnP[28]、EPnP＋GN（高斯牛顿）、正交迭代算法 LHM[29]、HOMO[30]、SP+LHM、RPnP[24]。相机内参设置为：等效焦距（800，800），主点为（0，0），像面 640 像素×480 像素，不设置畸变。相机相对世界坐标系旋转矩阵和平移矩阵随机产生。旋转误差定义为

$$e_r = \max_{k=1}^3 (\arccos(r_{true}^k \cdot r^k) \times \pi/180) \qquad (4.60)$$

式中，r_{true}^k 和 r^k 为 R_{true} 和 R 的第 k 列。平移误差定义为

$$e_t = 100 \times \| T_{true} - T \| / \| T_{true} \| \qquad (4.61)$$

控制点分布在相机坐标系 $[-2, 2] \times [-2, 2] \times [4, 8]$ 内的 8 个随机点，像点

噪声标准差为 5 像素，每种配置仿真 1 000 次。实验结果如图 4.15 和图 4.16
所示。

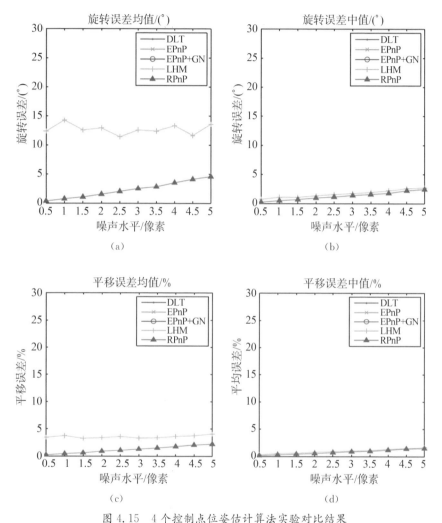

图 4.15　4 个控制点位姿估计算法实验对比结果

由图 4.15 和图 4.16 可知，当控制点为 4 时，仅仅 RPnP 和 LHM 能够实
现有效的位姿估计，并且 RPnP 的旋转和平移误差均值明显优于 LHM。当控
制点为 5 时，EPnP，EPnP＋GN，LHM 和 RPnP 均能实现有效的位姿估计，并
且 RPnP 的测量精度优于其他算法。

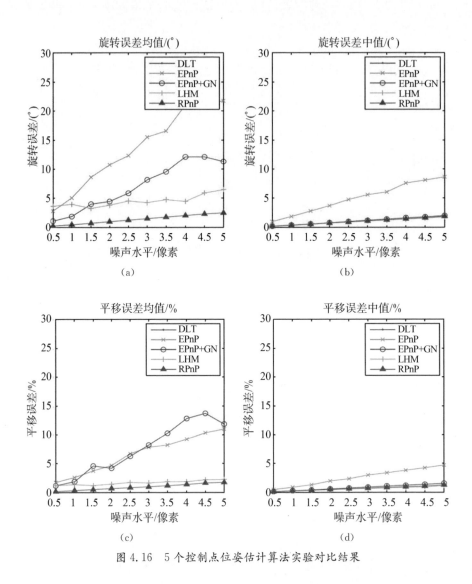

图 4.16 5 个控制点位姿估计算法实验对比结果

图 4.17 展示了控制点由 4 到 100 的平均执行时间变化趋势,RPnP 具有更为优越的测量效率,其计算时间的增长与控制点数量的增加呈线性关系,相比其他算法没有因为控制点数量的增加而急剧增加,而且相比高效的 EPnP 解算方法具有明显的效率优势。

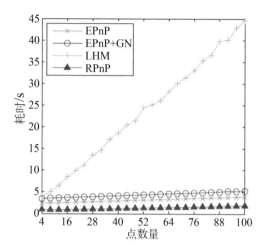

图 4.17　平均解算时间对比实验

参考文献

［1］ 章为川,孔祥楠,宋文.图像的角点检测研究综述[J].电子学报,2015,43(11):2315－2321.

［2］ Harris C. A combined corner and edge detector [J]. Proc Alvey Vision Conf, 1988,1988(3):147－151.

［3］ Smith S M, Brady J M. SUSAN —— A New Approach to Low Level Image Processing [C]. International Journal of Computer Vision. 2015:45－78.

［4］ Rosten E, Drummond T. Machine learning for high-speed corner detection [C]. European Conference on Computer Vision. Springer, Berlin, Heidelberg, 2006:430－443.

［5］ 黄晓浪.基于灰度变化的角点检测算法研究[D].东华理工大学,2019.

［6］ 陈若珠,孙岳.基于最小二乘法的椭圆拟合改进算法研究.工业仪表与自动化装置,2017(2).

［7］ Canny J. A computational approach to edge detection [J]. IEEE Transactions on Pattern Analysis and Machine Intelli-gence,1986,8(6):679－698.

［8］ 韩东,李煜祺,武彦辉.基于高斯拟合的亚像素边缘检测算法[J].计算机应用与软件,2018,35(06):210－213＋229.

［9］ Ding Y, Bai R, Ni J, et al. Sub-Pixel Corner Location Method Based on Curvature and Gray [J]. Laser & Optoelectronics Progress, 2018,55(3):031501.

［10］ 张丹,段锦,顾玲嘉,等.基于图像的模拟相机标定方法的研究.红外与激光工程,2007,Vol.36(S1):561－564.

［11］ Wang Z, Chen Y, Zhu Z, et al. An automatic panoramic image mosaic method based on graph model. Multimedia Tools & Applications, 2016,Vol.75(5):2725－2740.

［12］ Mikolajczyk K, Schmid C. A Performance Evaluation of Local Descriptors [J]. TEEE Trans. Pattern Analysis and Machine Intelligence, 2005,27(10):1615－1630.

［13］ Lowe D G. Object Recognition from Local Scale-Invariant Features [C]. Proceedings of the 7th International Conference on Computer Vision, 1999,2:1150－1157.

[14] Lowe D. Distinctive Image Features from Scale Invariant Keypoints [J]. International Journal of Computer Vision, 2004, 60(2):91－110.

[15] Mikolajczyk K, Schmid C. An Affine Invariant Interest Point Detector. Proc. European Conf. on Computer Vision, 2002, Vol. 1(10):E1973.

[16] Arandjelovic R, Zisserman A. Three things everyone should know to improve object retrieval [J]. IEEE Transactions on Computer Vision & Pattern Recognition, 2012, 157(10):2911－2918.

[17] Yu G, Morel J M . ASIFT: An Algorithm for Fully Affine Invariant Comparison [J]. Image Processing On Line, 2011, 1:11－38.

[18] Li S, Xu C. A Stable Direct Solution of Perspective-Three-Point Problem [J]. Int'l J. Pattern Recognition and Artificial Intelligence, 2011, 25(5):627－642.

[19] 李安虎,邓兆军,刘兴盛,等. 基于虚拟相机的位姿估计研究进展[J]. 激光与光电子学进展, 2022, 59 (14):1415003.

[20] Gao X, Hou X, Tang J, et al. Complete Solution Classification for the Perspective-Three-Point Problem [J]. IEEE Trans. Pattern Analysis and Machine Intelligence, 2003, 25(8):930－943.

[21] Haralick R M, Lee C, Ottenberg K, et al. Review and analysis of solutions of the three point perspective pose estimation problem [J]. International Journal of Computer Vision, 1994, 13(3): 331－356.

[22] Moriya T, Takeda H. Solving the rotation-estimation problem by using the perspective three-point algorithm [J]. Proceedings of IEEE Conference on Computer Vision and Pattern Recognition, 2000: 766－773.

[23] Chen C, Chang W. On pose recovery for generalized visual sensors [J]. IEEE Transactions on PAMI, 2004, 26(7):848－861.

[24] Li S, Xu C, Xie M. A Robust O(n) Solution to the Perspective-n-Point Problem [J]. IEEE Transactions on Pattern Analysis & Machine Intelligence, 2012, 34(7):1444－1450.

[25] Quan L, Lan Z. Linear n-Point Camera Pose Determination [J]. IEEE Trans. Pattern Analysis and Machine Intelligence, 1999, 21(8):774－780.

[26] Press W, Teukolsky S, Vetterling W, et al. Numerical Recipes: The Art of Scientific Computing [M]. Cambridge Univ. Press, 2007.

[27] Abdel-Aziz Y, Karara H. Direct Linear Transformation from Comparator Coordinates into Object Space Coordinates in Close-Range Photogrammetry [J]. Proc. ASP/UI Symp. Close-Range Photogrammetry, 1971, 1－18.

[28] Lepetit V, Moreno-Noguer F, Fua P. EPnP: An Accurate O(n) Solution to the PnP Problem [J]. Int'l J. Computer Vision, 2008, 81(2):155－166.

[29] Lu C. Fast and Globally Convergent Pose Estimation from Video Images [J]. IEEE Trans. Pattern Analysis and Machine Intelligence, 2000, 22(6):610－622.

[30] Malik S, Roth G, McDonald C. Robust 2D Tracking for Real-Time Augmented Reality [J]. Proc. Conf. Vision Interface, 2002, 1(2):12.

第 *5* 章

基于双目视觉的机器人导引技术

双目视觉利用三角测量原理获取空间目标位姿信息,已经成为非合作条件下机器人视觉导引定位的基本途径。本章首先从图像差分运算与颜色空间过滤去除背景的角度,分析双目视觉的图像预处理策略;结合理论和实验阐明双目立体匹配过程,涉及匹配代价计算、匹配代价聚合、视差计算和视差细化等环节。然后总结双目视觉三维点云生成与数据处理的主要流程,验证点云生成、点云配准和点云优化等方法的有效性。最后,提出基于多视角三维点云的机器人视觉导引策略,并建立从三维点云数据估计目标位姿变化的实现方法。

5.1 双视角图像预处理

在实际应用场景下拍摄的目标图像可能包含复杂的背景干扰或随机噪声,必须根据目标特征去除无关的图像区域而提取感兴趣的图像区域。目标特征表现为颜色特征、形状特征、纹理特征等,由此发展出许多特征描述算子,其中较具代表性的包括 Harris 算子、SIFT 算子、SURF 算子、FAST 算子等。

针对一幅图像中目标所在的感兴趣区域,我们可以通过一系列图像预处理流程进行分割和筛选,涉及图像滤波、图像灰度化、图像二值化、直方图均衡化、团块分析、形态学操作、边缘检测、几何变换等诸多操作。但是,由于视觉图像包含的信息量较大,常规的图像预处理方法难以适用于不同的应用场景,这就要求我们针对特定的目标特征设计合适的图像处理流程。此外,如何通过图像处理技术抑制背景信息的干扰,保证前景目标区域的准确提取,也是图像预处理的重要任务。本节主要介绍两种方法来弱化或去除感兴趣区域之外的背景,即基于图像差分运算的背景去除方法和基于颜色空间过滤的阈值分割方法。

5.1.1 图像差分去除背景

基于图像差分运算的背景去除方法在运动目标检测、医学图像分析、交通视频识别等许多领域应用广泛,其特点是实现简单、运算高效、性能可靠[1-3]。这类方法的基本原理是针对目标图像和背景图像进行逐像素的灰度相减运算以产生差分图像,在环境亮度差异较小的情况下差分图像能够突出前景区域的变化,从而方便从图像中提取感兴趣目标的位置和大小。

假定环境背景保持不变,采用图像差分策略去除背景的主要步骤包括:

(1) 分别拍摄不含目标的理想背景图像和包含目标的实际场景图像;

(2) 对目标图像和背景图像执行逐像素的灰度差分运算,得到去除大部分背景区域的差分图像;

(3) 对差分图像执行灰度化、滤波、二值化、团块分析、边缘检测等图像处理操作,在图像内定位得到感兴趣的目标区域。

虽然上述方法能够有效地去除背景信息,但其应用前提是在图像采集过程中环境背景处于静态或经历极小的变化,一旦背景受到光照条件变化、无关目标运动等动态因素的影响,图像差分过程容易产生混乱的结果,导致目标区域检测失败。因此,许多研究通过自回归背景模型、混合高斯模型、多特征背景建模等方法描述背景变化,提升图像差分方法的准确性和可靠性[4-6]。

5.1.2 颜色过滤去除背景

基于颜色空间过滤的阈值分割方法利用颜色信息去除背景和无关目标,达到目标区域的鲁棒提取和准确定位,目前已应用在工业及农业的目标检测、图像分割等领域[7, 8]。彩色图像一般由 RGB 色彩模式表达,主要原理是通过 R、G、B 三种颜色通道相互变换叠加得到彩色图像,各个通道的取值区间均为 $[0, 255]$。但是,通过 RGB 颜色空间表示彩色图像存在以下缺点:(1)RGB 三个颜色通道之间有很高的相关性,若要改变其中一种颜色,必须针对三个通道的取值做出调整;(2)RGB 颜色空间不均匀,即在颜色空间内的距离无法表征人眼视觉感受的颜色差异,通俗来讲其与人眼感知的区别较大。

针对以上问题,通常可将图像从 RGB 彩色空间转换到 HSV、CMY、HIS、XYZ 等其他颜色空间进行表示。HSV 颜色空间包括 H(色调)、S(饱和度)、V(明度)三个通道,其中 H 用 $0°\sim360°$ 的角度范围来度量红、绿、蓝及其补色色调;S 表示某种颜色接近其对应光谱色的程度,即表示光谱色在混合色(白

色和光谱色混合产生的特定颜色)中的占比;V 表示某种颜色的明亮程度,一
般与发光体的光亮度或物体的透射光和反射光有关。相对于其他空间,HSV
颜色空间具有以下优点:(1)与人类视觉的颜色感知比较接近;(2)去除亮色成
分对图像中颜色成分的干扰;(3)从 RGB 颜色空间转换至 HSV 颜色空间比较
容易。从 RGB 颜色空间到 HSV 颜色空间的转换过程表示为

$$\begin{cases} R'=R/255 \\ G'=G/255 \\ B'=B/255 \end{cases} \Rightarrow \begin{cases} C_{\max}=\max(R',\ G',\ B') \\ C_{\min}=\min(R',\ G',\ B') \\ \Delta=C_{\max}-C_{\min} \end{cases} \tag{5.1}$$

$$H=\begin{cases} 0°, & \Delta=0 \\ 60°\times\left(\dfrac{G'-B'}{\Delta}\right), & C_{\max}=R' \\ 60°\times\left(\dfrac{B'-R'}{\Delta}+2\right), & C_{\max}=G' \\ 60°\times\left(\dfrac{R'-G'}{\Delta}+4\right), & C_{\max}=B' \end{cases} \tag{5.2a}$$

$$S=\begin{cases} 0°, & C_{\max}=0 \\ \dfrac{\Delta}{C_{\max}}, & C_{\max}=R' \end{cases} \tag{5.2b}$$

$$V=C_{\max} \tag{5.2c}$$

根据 HSV 空间内目标与背景之间的差异设定阈值或设计自适应阈值条件,可
以通过简单的阈值分割操作去除图像背景,降低目标检测与识别的难度。

5.2　立体匹配与视差估计

立体匹配作为立体视觉三维重建的关键环节,需要根据某幅图像的像点
确定其在其他图像内对应的像点,即建立不同视角图像之间的同名像点匹配
关系。一般而言,根据视觉系统的内外参数对待匹配的两幅图像进行立体校
正之后,两幅校正图像具有行对齐关系,故同名像点的搜索与匹配过程可以缩
减到同行像素范围。在此基础上可以融合唯一性、相似性等几何约束或视差
平滑性、特征相容性等场景约束,实现不同视角图像的局部匹配,也可利用动
态规划算法、图割算法、人工智能算法等手段,建立不同视角图像的全局匹配

关系[9]。从计算机视觉领域的相关研究可以发现,大部分立体匹配算法均会执行匹配代价计算、匹配代价聚合、视差计算优化以及视差细化求精等四个步骤[10]。近年来关于立体匹配算法的工作也大多围绕这四个方向进行研究,能够有效克服局部遮挡和边缘模糊等问题对图像立体匹配性能的影响[11-13]。

5.2.1　匹配代价计算

匹配代价是指两幅图像内匹配单元之间的差异性(或称为相似度),通常使用相似性度量函数进行判定[14, 15]。如图 5.1 所示,相似性度量函数可以采取基于像素和基于区域两种形式。基于像素的相似性度量函数需要计算两幅图像在单个像素之间的差异性,计算方法包括灰度差的平方(SD)、灰度差的绝对值(AD)、截断灰度差绝对值(TAD)等。基于区域的相似性度量函数则会围绕中心像素建立支持窗口,通过计算窗口内不同像素位置的加权聚合来评价两幅图像在中心像素处的相似程度,主要包括灰度差平方和(SSD)、灰度差绝对值和(SAD)、截断灰度差绝对值和(STAD)、均方根差(MSD)、平均绝对差(MAD)、归一化交叉相关系数(NCC)、零均值归一化交叉相关系数(ZNCC)等。另有研究针对相机或图像的特点提出不同的相似性度量准则,如对相机差异性不敏感的非参数测量方法[16]、通过线性插值降低采样影响的 BT 算法[17]。

基于区域

基于像素

图 5.1　采用基于像素或基于区域的相似性度量函数进行匹配,左右两幅图存在一定视差

假设左右图像的像素位置均为(u, v),则左图像灰度值为$I_l(u, v)$,右图像灰度值为$I_r(u, v)$。由于左右图像经过立体校正后其对应像点具有相同的纵坐标,对应像点的视差取决于水平方向的像素距离d,故两幅图像内同名像点分别可以写成$I_l(u, v)$和$I_r(u+d, v)$。若采用区域相似性度量准则的窗口大小为N个像素(行列分别为$2m+1$和$2n+1$),匹配代价以C_{method}表示,则前面提到的立体匹配相似性度量函数依次表示为

$$C_{AD} = | I_r(u+d, v) - I_l(u, v) | \tag{5.3}$$

$$C_{SAD} = \sum_{i=-m}^{m} \sum_{j=-n}^{n} | I_r(u+i+d, v+j) - I_l(u, v) | \tag{5.4}$$

$$C_{MAD} = \frac{1}{N} \sum_{i=-m}^{m} \sum_{j=-n}^{n} | I_r(u+i+d, v+j) - I_l(u, v) | \tag{5.5}$$

$$C_{TAD} = \begin{cases} C_{AD}, & C_{AD} < T_{TAD} \\ T_{TAD}, & C_{AD} \geqslant T_{TAD} \end{cases} \tag{5.6}$$

$$C_{STAD} = \begin{cases} C_{SAD}, & C_{SAD} < T_{STAD} \\ T_{STAD}, & C_{SAD} \geqslant T_{STAD} \end{cases} \tag{5.7}$$

$$C_{SD} = | I_r(u+d, v) - I_l(u, v) |^2 \tag{5.8}$$

$$C_{SSD} = \sum_{i=-m}^{m} \sum_{j=-n}^{n} | I_r(u+i+d, v+j) - I_l(u, v) |^2 \tag{5.9}$$

$$C_{MSD} = \frac{1}{N} \sum_{i=-m}^{m} \sum_{j=-n}^{n} | I_r(u+i+d, v+j) - I_l(u, v) |^2 \tag{5.10}$$

式中,i 和 j 分别为某点相对于窗口中心的行数和列数,T_{TAD} 和 T_{STAD} 分别为 TAD 和 STAD 代价函数的截断阈值,过大的匹配代价均被设为截断阈值。

式(5.3)～式(5.10)给出的相似性度量函数均以两幅图像的灰度差异计算匹配代价,其取值越小则表明匹配代价越低,两幅图像的匹配程度越高。考虑到相机采集图像质量易受光圈大小和环境光照的影响,相机从不同视角拍摄的图像必然存在亮度差异,导致立体匹配误差变大。采用 NCC 和 ZNCC 匹配准则的相似性度量函数能够很好地克服光照影响,分别表示为

$$C_{NCC} = \frac{1}{N} \sum_{i=-m}^{m} \sum_{j=-n}^{n} \frac{[I_r(u+i+d, v+j) - \bar{I}_r][I_l(u+i, v+j) - \bar{I}_l]}{\sqrt{\sigma_r \sigma_l}} \tag{5.11}$$

$$C_{ZNCC} = \frac{1}{N} \sum_{i=-m}^{m} \sum_{j=-n}^{n} \frac{I_r(u+i+d, v+j) I_l(u+i, v+j)}{\sqrt{\sigma_r \sigma_l}} \tag{5.12}$$

式中,$\bar{I}_l$ 和 $\bar{I}_r$ 分别为左右图像的灰度平均值,σ_l 和 σ_r 分别为左右图像的灰度标准差,其表达式为

$$\bar{I}_l = \frac{1}{N} \sum_{i=-m}^{m} \sum_{j=-n}^{n} I_l(i, j) \tag{5.13}$$

$$\bar{I}_r = \frac{1}{N} \sum_{i=-m}^{m} \sum_{j=-n}^{n} I_r(i, j) \tag{5.14}$$

$$\sigma_l = \frac{1}{N} \sum_{i=-m}^{m} \sum_{j=-n}^{n} [I_l(i, j) - \bar{I}_l]^2 \tag{5.15}$$

$$\sigma_r = \frac{1}{N} \sum_{i=-m}^{m} \sum_{j=-n}^{n} [I_r(i, j) - \bar{I}_r]^2 \tag{5.16}$$

NCC 的取值区间为 $[-1, 1]$，其绝对值越高表示相关性越强，为 1 时代表两个窗口完全匹配。虽然 NCC 算法能够有效地克服光照的影响，但其较为复杂的计算公式会降低立体匹配算法的效率。为此，ZNCC 将像素均值设置为 0 以简化运算，可在保证匹配效果的同时有效较低运算量。

5.2.2 匹配代价聚合

匹配代价聚合是对支持窗口内所有像素的匹配代价累计求和的过程。支持窗口一般采取滑动窗口、组合窗口、分割窗口等不同形式，如图 5.2 所示。固定大小的滑动窗口具有结构简单、运算高效等优点，在实际场合中运用最为广

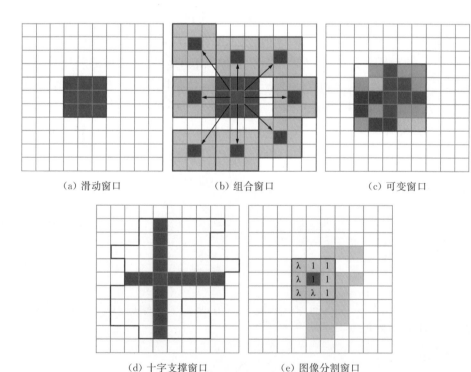

(a) 滑动窗口　　　　(b) 组合窗口　　　　(c) 可变窗口

(d) 十字支撑窗口　　　　(e) 图像分割窗口

图 5.2　不同形式的支持窗口

泛,但此类方法假设窗口内所有像素都处于同一深度(前向平行假设),在深度不连续性区域的匹配效果很差,而且在无纹理区域或相似特征区域均会导致匹配失败。支持窗口的尺寸选择至今仍是经验性的问题,小尺寸窗口能够保证在边界或纹理区域的匹配准确性,但难以应对无纹理区域或重复特征区域,而大尺寸窗口可以在一定程度上减少无纹理或重复区域的无匹配率,但又会导致边界或纹理区域的匹配比较模糊。针对固定尺寸支持窗口的不足之处,许多研究从窗口数量、窗口尺度以及窗口结构等方面进行设计匹配代价聚合策略,能够满足不同应用场景的立体图像匹配需求。由于尺寸较大的支持窗口会增加立体匹配的计算负担,可以通过积分图像[18]或盒过滤[19]等方式降低支持窗口代价求和的复杂度。

(1) 滑动窗口:以待匹配像点为中心构建两侧对称的窗口,其目的是解决立体匹配过程中的边界效应,该窗口可以沿着指定方向滑动以寻找最佳匹配,如图 5.2(a)给出了 3×3 大小的滑动窗口;

(2) 组合窗口[20, 21]:窗口由多个尺度相同的子窗口组成,除了以待匹配像点为中心的子窗口之外,其余子窗口沿着不同图像位置或梯度方向搜索,通过比较所有子窗口的匹配代价确定最佳匹配像点位置,如图 5.2(b)所示;

(3) 可变窗口[22, 23]:窗口同样采用以待匹配像点为中心的正方形结构,但允许调整窗口的尺度以及窗口内不同像素的匹配代价聚合权重,其调整依据通常包括不同像素位置的梯度相似性、相位一致性等,如图 5.2(c)所示;

(4) 十字支撑窗口[24, 25]:待匹配像点的同列相邻像素沿着各自水平方向扩展组成的窗口,其上下左右的支撑臂长取决于颜色相似性和连通性约束,因而可以构造任意形状和尺寸的支撑区以贴合物体边界,如图 5.2(d)所示;

(5) 图像分割窗口[26, 27]:在图像分割的基础上,利用局部区域的灰度分布统计或视差估计可靠程度,自适应地计算匹配窗口的大小和形状,能够有效克服遮挡或深度突变区域的匹配难题,通常给同属图像块的像素分配权重 1,不属于相同图像块的像素分配远小于 1 的权重 λ,如图 5.2(e)所示。

5.2.3　视差计算

立体匹配的最终目标是获取不同视角图像的匹配像点之间的视差,以便根据该匹配点对的视差解算目标点的深度及三维信息。局部立体匹配算法通常采取胜者全取(WTA)策略实现视差计算,即从所有候选匹配点对中选择最小匹配代价对应的视差作为最终视差,表示为

$$d = \arg\min C_A(p, d) \qquad (5.17)$$

若最小匹配代价对应多个视差值,可能会出现局部最优的情况。

全局立体匹配算法无需执行匹配代价聚合步骤,而是通过构建全局能量函数进行视差估计,其试图找到最佳视差值 d 来最小化全局能量函数。全局能量函数的一般形式为

$$E(d) = E_{\text{data}}(d) + s E_{\text{smooth}}(d) = \sum_{(u, v)} C(u, v, d(u, v)) + \sum_{(p, q)} \min |d_p - d_q|$$

$$(5.18)$$

式中,$E_{\text{data}}(d)$ 为数据项,表示视差为 d 时图像内所有像素的匹配代价和;$E_{\text{smooth}}(d)$ 为平滑项,表示被匹配点的视差与邻近区域内像点的视差之间的累计绝对差值;$C(u, v, d(u, v))$ 为在 (u, v) 位置处的匹配代价;s 为惩罚系数,表示对视差不连续区域的惩罚程度;d_p 和 d_q 分别为被匹配点邻域内的视差值。

全局能量函数优化属于 NP 完全问题,一般通过图割法、置信传播法、合作优化算法、模拟退火算法、粒子群算法、最小生成树等优化算法求解。全局立体匹配算法可以有效避免局部最优,但其计算量大、速度慢,由此发展出动态规划算法、多扫描线优化法等半全局立体匹配算法。

5.2.4 视差细化

作为立体匹配的后处理过程,视差细化求精的主要任务包括提升立体匹配视差精度、检测误匹配点及遮挡区域、填充视差空洞等[28, 29]。

提升视差精度的常用方法为亚像素视差求精,主要是针对离散化的视差值(一般是整型)进行曲线拟合或者迭代梯度下降来估计更为精确的浮点型视差值,但该方法也一般适用于视差平滑区域。针对误匹配点检测问题,目前已有均值滤波、高斯滤波等线性滤波算法和中值滤波、双边滤波等非线性滤波算法,其研究难点是如何在降低计算复杂度的同时保证视差细化性能。

左右一致性交叉检验是在立体图像匹配中解决遮挡区域问题的重要途径[30],其通过正向匹配过程和反向匹配过程检验视差差值,并将超出阈值的匹配点对当作误匹配或遮挡区域,表示为

$$|d_{lr}(u, v) - d_{rl}(u + d_{lr}(u, v), v)| < T_w \qquad (5.19)$$

式中,$d_{lr}(u, v)$ 为从像素 (u, v) 进行正向匹配产生的视差值;$d_{rl}(u, v)$ 为反向匹配产生的视差值;T_w 为视差一致性的阈值。

在去除误匹配点或遮挡区域的基础上,视差图中可能还会存在孔洞问题,主要解决方法包括平面拟合、形态学操作、邻域视差填充等。比较典型的视差填充策略是结合多个一致视差点重构匹配代价以求取不一致视差点的最优视差值,或在颜色相似性与空间几何约束下进行自适应加权视差填充[31, 32]。

5.2.5 实验验证

采用两台相机构成的双目视觉系统拍摄目标场景,其中两台相机的内外参数均已按照第 3 章所述方法标定。由于左右相机按照一定夹角布置,无法满足理想的前向平行假设,所以左右图像并未严格对准,如图 5.3(a)和(b)所示。根据双目视觉系统参数对左右图像进行立体校正,可将两幅图像投影到共同的图像平面上,使其对应像点具有相同的行坐标,如图 5.3(c)和(d)所示。

(a) 左相机采集图像

(b) 右相机采集图像

(c) 经过立体校正的左图像

(d) 经过立体校正的右图像

图 5.3 双目视觉系统采集图像与立体校正

综合考虑环境光照变化的影响和匹配算法的效率要求,利用式(5.11)给出的 NCC 相似性度量函数进行视差估计。图 5.4 通过对比实验分析了图像降采样参数和窗口尺寸参数对视差估计质量与运算效率的影响。可以看到:减小降采样比率能够显著提升视差估计效率,但相应的视差图也会因为图像退化而丢失大量细节;扩大匹配窗口的尺寸有利于抑制离散噪声的影响,而较小

（a）1/2 降采样处理　　　　　（b）1/4 降采样处理　　　　　（c）1/8 降采样处理

（d）7×7 窗口尺寸　　　　　（e）11×11 窗口尺寸　　　　　（f）15×15 窗口尺寸

图 5.4　不同参数设置下图像立体匹配效果对比

的匹配窗口能够在生成视差图上保留较多的细节。为了达到视差计算精度与效率的平衡，可以选择图像降采样参数为 1/4、匹配窗口尺寸为 7×7。

针对生成视差图中普遍存在误匹配点的问题，通过左右一致性检验、双边滤波和团块滤波方法进行视差细化，如图 5.5 所示。对比图 5.4（d）和图 5.5（a）可知，左右一致性交互检验可在一定程度上提升视差图的质量，但还是未能完全消除背景区域的误匹配点。相比于图 5.5（b）加入的双边滤波对视差细化的贡献有限，图 5.5（c）加入的团块滤波能够有效去除背景区域的无关信息，这是因为背景区域的误匹配视差点分布较为散乱，根据团块面积特性可以实现前景与背景的准确分离，从而提升视差细化的准确性和鲁棒性。

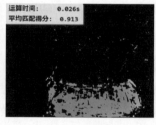
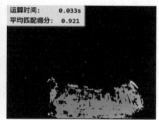

（a）左右一致性检验　　　　　（b）双边滤波　　　　　（c）团块滤波

图 5.5　视差细化处理效果对比

5.3　点云生成与数据处理

　　结合立体匹配获取的目标场景视差图,依次执行三维重建、点云配准、点云滤波、点云分割等三维数据处理流程,即可完整地提取和表达目标场景的空间特征[33]。一般情况下,双目视觉从单个角度获取到的信息并不完整,往往需要获取不同视角的点云信息,再将这些点云配准拼接成为完整视角。此外,针对二维图像的处理无法完全消除背景干扰和噪声等因素的影响,双目视觉获取的三维点云仍包含无关的背景和噪声,因此必须对目标场景的点云进行优化提纯,如降采样、点云平滑、点云分割等处理操作,最后利用三角剖分等算法从优化后的点云还原目标的空间形貌和场景的态势变化,为机器人运动提供引导信息。

5.3.1　点云生成

　　双目视觉点云生成是涵盖系统标定、立体匹配、三维重建的完整流程,涉及第 2 章、第 3 章以及本章前述内容。如图 5.6 所示,在标定左右相机内外参数的基础上,根据两台相机的相对位姿关系对不同视角拍摄的目标图像进行立体校正和视差计算,最终可以通过三维计算重建得到稠密的点云数据,用以描述目标场景的三维结构和空间形貌。

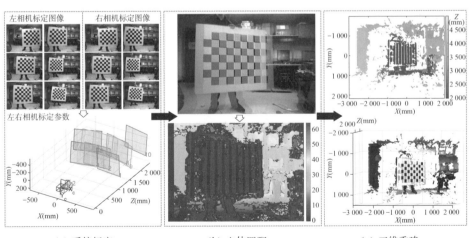

（a）系统标定　　　　　（b）立体匹配　　　　　（c）三维重建

图 5.6　双目视觉三维点云生成流程

5.3.2　点云配准

对于实际应用而言,双目视觉系统的成像范围可能无法完全覆盖目标场景,两台相机在单一视角下获取的三维点云不足以充分重建目标物体的整体形貌,一般需要改变视觉系统的拍摄角度才能得到更加丰富的三维信息。但是,不同视角下获取的三维点云之间相对独立,必须利用相机运动参数或点云配准技术建立多视角点云的坐标转换关系,再将不同点云整合到全局坐标系下,表示为

$$P_a = \boldsymbol{R}_a^b P_b + \boldsymbol{T}_a^b \tag{5.20}$$

式中,P_a 和 P_b 为某空间点在不同点云坐标系下对应的三维坐标;$\boldsymbol{R}_a^b$ 和 $\boldsymbol{T}_a^b$ 为相机运动或目标调整带来的旋转矩阵和平移向量。

点云配准一般采用由粗到精策略,即包括粗配准和精配准两个阶段[34, 35]。粗配准的任务是粗略估计两组点云的初始位姿关系,而精配准的任务是针对粗配准阶段得到的初始位姿关系进行优化,如图 5.7 所示。

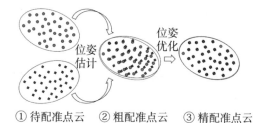

①待配准点云　②粗配准点云　③精配准点云

图 5.7　由粗到精的点云配准策略,包括粗配准阶段和精配准阶段

目前,粗配准问题的求解策略包括基于相机运动先验的方法、基于辅助标签的方法[36]以及基于点云特征的方法[37]等;精配准问题大多通过迭代最近邻点(ICP)算法及其变种进行求解[38],一般依赖粗配准得到的转换关系作为初始估计,否则容易陷入局部最优。ICP 算法的核心是通过迭代求精优化对应点之间的平均欧式距离,即求解如下目标函数:

$$(\boldsymbol{R}_a^b,\ \boldsymbol{T}_a^b) = \arg \min \frac{1}{M} \sum_{m=1}^{M} |\ (\boldsymbol{P}_a)^m - (\boldsymbol{R}_a^b(\boldsymbol{P}_b)^m + \boldsymbol{T}_a^b)\ | \tag{5.21}$$

式中,m 用以区分不同的点;M 表示两组点云中包含对应点的数量。

具体而言,ICP 算法的主要步骤包括:

（1）根据点到点的欧式距离、点到平面的欧氏距离或光谱相似度等属性，在点云 $\{\boldsymbol{P}_b\}$ 中寻找点云 $\{\boldsymbol{P}_a\}$ 中各个点的对应点，利用粗配准得到的初始转换关系 $(\boldsymbol{R}_a^b, \boldsymbol{T}_a^b)$ 将两组点云统一至相同坐标系，并且设定合适的最邻近点距离阈值 T_d 以判断 $\{\boldsymbol{P}_a\}$ 与 $\{\boldsymbol{P}_b\}$ 两者的对应点关系；

（2）建立点云 $\{\boldsymbol{P}_a\}$ 与点云 $\{\boldsymbol{P}_b\}$ 的点到点对应关系之后，利用式（5.21）优化当前的坐标转换关系 $(\boldsymbol{R}_a^b, \boldsymbol{T}_a^b)$，由于待求解参数的数量远小于双目视觉获取的三维点云规模，一般采用最小二乘法或者奇异值分解方法求解最优转换参数；

（3）将 $(\boldsymbol{R}_a^b, \boldsymbol{T}_a^b)$ 再次运用于点云 $\{\boldsymbol{P}_b\}$ 进行坐标转换，寻找转换后点云 $\{\boldsymbol{P}_b\}$ 与点云 $\{\boldsymbol{P}_a\}$ 的同名点对关系，并计算转换后的优化目标函数值，若大于设定的迭代终止阈值 T_{avg} 则继续执行步骤（1）和（2），否则退出迭代并产生精配准之后的两组点云数据及其坐标转换矩阵。

5.3.3　点云优化

经过三维重建和点云拼接得到的点云数据往往面临数据量过大、密度不均匀、点云空洞、离群噪点、背景干扰等问题，给后续的点云分割和位姿估计造成较大的困难。为此，许多研究尝试通过点云滤波、点云补全、点云精简、点云平滑、点云分割等优化方法提升三维点云的数据质量及内存效率[39, 40]。

点云滤波是从原始三维点云数据剔除背景点云或离群噪点的过程，一般可以利用点云的空间分布、几何属性及颜色属性设计滤波算法，常见方法包括直通滤波器、体素滤波器、统计滤波器、半径滤波器、高斯滤波器等。

点云降采样或点云精简是解决数据规模过大问题的主要手段，其中点云降采样处理通常利用关键点代替其空间邻域，点云精简处理主要根据点的边缘或语义显著性决定其保留与否。前者以降低点云规模为目标，使得点云分布趋向均匀；而后者以保留有效信息为导向，使得点云分布侧重边缘及特征区域。

三维点云经过滤波和降采样处理之后，仍会存在表面粗糙、孔洞等问题，必须通过平滑处理才能建立高质量的目标场景模型。点云平滑一般通过移动最小二乘方法实现，即针对点云的各个局部区域建立拟合函数。对于任意点 $\boldsymbol{P}$，移动最小二乘方法会对 $\boldsymbol{P}$ 的 k 邻域点赋予加权系数，然后使用最小二乘法获得近似的线性拟合平面或非线性拟合曲面。加权系数的表达式为

$$W(\boldsymbol{P}) = \exp(-\parallel \boldsymbol{P}_k - \boldsymbol{P} \parallel^2 / \sigma^2) \tag{5.22}$$

式中，P_k 为 P 的邻域点，σ 为权重控制因子。邻域点 P_k 越接近于 P，其加权值越高。在拟合平面或拟合曲面的基础上，可以快速计算三维点云的法向量。

三维点云相比二维图像具有更多的属性特征，如距离、深度、密度、曲率、法向量等，给场景分割和目标分类提供了更多的实现方法。常见的点云分割算法大致分为以下几类：基于几何特征的分割算法（如法线微分、边缘）、基于邻近信息的分割算法（如欧式距离、区域生长）、基于模型的分割算法（如随机抽样一致）。随机抽样一致（random sample consensus，RANSAC）算法在已知模型的目标分割方面应用广泛，尤其在工业应用场景下，通常可以利用零部件的三维设计模型作为 RANSAC 算法的参考模型。采用 RANSAC 实现点云分割的基本流程包括：

（1）设置模型拟合的容许阈值 T_b 和点云分割的迭代次数 I_t，从三维点云中随机采样若干候选点；

（2）根据目标的先验参数设计参考模型或直接采用目标的设计模型作为参考模型，统计与参考模型距离小于 T_b 的合格点数量；

（3）从三维点云中重新随机采样相同数量的点，重复步骤（2），若此次迭代得到的合格点数量更多，则更新目标拟合模型，否则保留上次的拟合模型；

（4）当合格点数量超过点云规模的一定比例或者迭代次数超过限定次数 I_t 时终止循环，提取所有满足拟合模型的合格点作为目标点云。

5.3.4 实验验证

利用双目视觉系统依次拍摄目标在 6 种不同视角下的图像，按照 5.3.1 节所述方法从每种视角下采集的左右图像生成目标场景的三维点云，如图 5.8 所示。可以看到，不同视角的三维点云之间满足一定的重合关系，且或多或少地存在数据不均匀以及无效视差造成的空洞问题。通过 5.3.2 节所述方法将不同视角的三维点云配准到相同坐标系下，能够有效弥补单一视角无法充分描述目标场景的局限性，如图 5.9 所示。对比配准前后的多视角三维点云可知，由粗到精的配准策略可以准确建立不同点云之间的位姿转换关系。

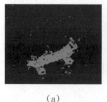  

(a)　　　　　　(b)　　　　　　(c)

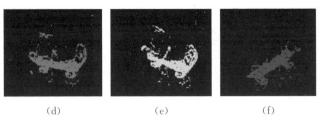

图 5.8　双目视觉生成目标场景的不同视角的三维点云

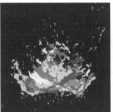

（a）配准前的主视图　　（b）配准前的俯视图　　（c）配准后的主视图　　（d）配准后的俯视图

图 5.9　多视角三维点云配准（参见彩图附图 1）

　　为了抑制背景干扰和离散噪声等因素的影响,采用 5.3.3 节的点云优化方法对多视角配准点云进行后续处理。图 5.10(a)给出了经过降采样处理的配准点云,其数据冗余度明显降低。将移动最小二乘法应用在降采样点云上,有效提升点云表面的平滑度,如图 5.10(b)所示。引入贪婪投影三角剖分算法,可从三维点云重建得到目标场景的多个曲面结构,如图 5.10(c)所示。考虑到目标表面在场景内占据绝大部分区域,根据三角面片数量即可准确分割得到感兴趣的目标表面,如图 5.10(d)所示。当然,若要完整地重建目标的三维表面,还需要采集更多视角的图像信息,但其点云生成与处理仍遵循上述流程。

（a）点云降采样　　（b）点云平滑　　（c）三角剖分　　（d）点云分割

图 5.10　点云优化处理效果（参见彩图附图 2）

5.4.1 导引策略

结合双目立体视觉三维重建与目标位姿估计方法,设计一种基于点云数据的机器人视觉导引定位策略。如图 5.11 所示,机器人视觉导引定位包括位姿估计和导引控制两个阶段。在位姿估计阶段,预先将目标物体放置在参考位置上,以此建立参考坐标系 O_A-$X_AY_AZ_A$,通过双目视觉三维重建方法获取位于参考位置的目标点云,建立参考坐标系 O_A-$X_AY_AZ_A$ 与视觉坐标系 O_C-$X_CY_CZ_C$ 之间的转换关系 $\boldsymbol{S}_C^A$;此后可以利用双目视觉系统获取位于任意实际位置的目标点云,通过点云配准方法建立目标点云与参考点云的位姿转换关系 $\boldsymbol{S}_A^B$;结合预先标定的视觉坐标系 O_C-$X_CY_CZ_C$ 与机器人坐标系 O_R-$X_RY_RZ_R$ 之间的转换关系 $\boldsymbol{S}_R^C$,得到从实际目标点云到机器人坐标系 O_R-$X_RY_RZ_R$ 的转换关系 $\boldsymbol{S}_R^B$。在导引控制阶段,根据目标点云的空间位置和姿态角度,规划机器人末端执行机构的运动轨迹,通过机器人逆运动学理论求解各个关节角度变化量,最终控制机器人末端按照预期位姿到达目标区域并执行作业任务。

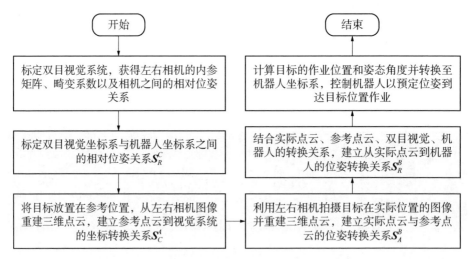

图 5.11 基于三维点云的机器人视觉导引策略

　　作为机器人视觉导引的核心问题,获取位于实际位置的目标点云相对于机器人坐标系的位姿转换关系 S_R^B,可以转化为 3 个坐标转换的子问题,即

$$S_R^B = S_A^B S_C^A S_R^C \tag{5.23}$$

式中,S_A^B、S_C^A 和 S_R^C 均由旋转矩阵和平移向量描述。

　　以机器人在视觉导引下抓取目标零件的作业过程为例,机器人末端夹具与目标零件的空间关系如图 5.12 所示,其中夹具张开宽度 w 一般大于零件直径 d。机器人导引定位任务是否成功应当根据末端中心位置与目标抓取位置之间的距离来判定,即机器人末端抓取中心 P_{grasp} 需要到达目标抓取位置 P_{target} 的邻近区域。因此,机器人导引定位的判定准则可表示为

$$\begin{cases} x_t - \varepsilon/2 \leqslant x_g \leqslant x_t + \varepsilon/2 \\ y_t - (w-d)/2 \leqslant y_g \leqslant y_t + (w-d)/2 \\ z_t \leqslant z_g \leqslant z_t + d/2 \end{cases} \tag{5.24}$$

式中,$[x_g, y_g, z_g]^T$ 和 $[x_t, y_t, z_t]^T$ 分别为 P_{grasp} 和 P_{target} 在机器人坐标系下的三维坐标,ε 表示邻近区域的容许范围。

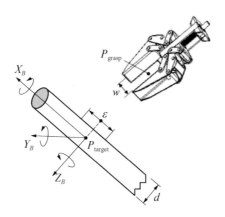

图 5.12　机器人视觉导引目标抓取示例

5.4.2　实验验证

　　为了验证从三维点云估计目标位姿的精度,利用精密位移平台搭载双目视觉系统移动至三个不同位置,分别采集目标场景的图像信息,并根据双目视觉重建得到的三组点云估计视觉系统的位姿变化。如图 5.13(a)和(b)所示,

不同视角的三维点云因视觉系统坐标系的变化而存在错位,青色、紫色和黄色分别对应点云 A、B 和 C。两点云之间的位姿转换关系依次采用粗配准估计和精配准优化的方法确定,结果如图 5.13(c)和(d)所示。

  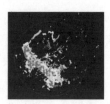 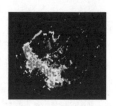

(a) 多视角三维点云正　　(b) 多视角三维点云俯　　(c) 粗配准的多视角　　(d) 精配准的多视角
　　 视图　　　　　　　　　　 视图　　　　　　　　　 三维点云　　　　　　　 三维点云

图 5.13　基于三维点云的位姿估计

根据每对点云的位姿转换矩阵可以计算视觉系统不同位置之间的旋转角度和平移向量,再与视觉系统的实际位置和姿态调整量进行对比,即可定量评价基于三维点云的估计位姿精度。表 5.1 给出了根据多视角点云粗配准和精配准得到的位姿参数估计误差,包括沿 X、Y、Z 轴的平移量和绕 X、Y、Z 轴的旋转角。可以看到,经过粗配准处理得到的点云位姿估计参数已经比较精确,在此基础上进行点云精配准得到的位姿估计精度并无明显提升,这主要由点云数据的质量和分辨率决定。从不同视角的三维点云估计平移参数的相对误差不超过 1.19%,估计旋转参数的相对误差不超过 1.62%,这表明该方法在实际应用场景具有良好的可靠性和鲁棒性,能为机器人自主定位作业提供准确的导引信息。

表 5.1　从多视角三维点云估计位姿变化的精度评价

配准策略		平移量误差			相对平移误差	旋转角误差			相对旋转误差
		X/mm	Y/mm	Z/mm		X/(°)	Y/(°)	Z/(°)	
粗配准	$A \to B$	−0.16	0.32	0.01	0.03%	0.30	−0.01	0.52	0.18%
	$B \to C$	−0.23	−1.21	0.40	0.84%	−0.74	0.79	−0.54	1.41%
精配准	$A \to B$	−0.28	0.45	0.01	0.06%	0.36	0.07	0.39	0.15%
	$B \to C$	−0.10	−1.48	0.40	1.19%	−0.91	0.71	−0.59	1.62%

参考文献

［1］蒙晓宇,朱磊,张博,等.基于结构相似性粗定位与背景差分细分割的运动目标检测方法[J].科学技术与工程,2021,21(36):15563－15570.

［2］吴京城,洪欢欢,施露露,等.反背景差分结合 Otsu 的细胞图像分割方法[J].电子测量与仪器学报,2021,35(04):82－89.

［3］朱寒,林丽,王健华,等.基于改进模板匹配及图像差分法的 PCB 板缺陷多级检测方法[J].应用光学,2020,41(04):837－843.

［4］赵旭东,刘鹏,唐隆龙,等.一种适应户外光照变化的背景建模及目标检测方法[J].自动化学报,2011,37(8):915－922.

［5］王传云,秦世引.动态场景红外图像的压缩感知域高斯混合背景建模[J].自动化学报,2018,44(07):1212－1226.

［6］郭治成,党建武,王阳萍,等.基于改进 Census 变换的多特征背景建模算法[J].光学学报,2019,39(08):216－224.

［7］沈丹峰,沈雅欣,叶国铭,等.不同颜色空间阈值分割跟踪法的移动目标追踪[J].机电一体化,2016,22(09):44－48＋72.

［8］孙滨峰,叶春,李艳大,等.基于颜色指数与阈值法的稻田图像分割[J].中国农业大学学报,2022,27(05):86－95.

［9］白明,庄严,王伟.双目立体匹配算法的研究与进展[J].控制与决策,2008,23(7):721－729.

［10］Daniel S, Richard S. A taxonomy and evaluation of dense two-frame stereo correspondence algorithms [J]. International Journal of Computer Vision, 2001,47(1－3):7－42.

［11］Xu J, Yang Q, Feng Z. Occlusion-aware stereo matching [J]. International Journal of Computer Vision, 2016,120:256－271.

［12］Yan T, Gan Y, Xia Z. Segment-based disparity refinement with occlusion handling for stereo matching. IEEE Transactions on Image Processing, 2018,28(8):3885－3897.

［13］潘卫华,门媛媛,苏攀.融合边缘特征的自适应滤波立体匹配算法[J].激光与光电子学进展,2022,59(8):426－433.

［14］Kanade T, Okutomi M. A stereo matching algorithm with an adaptive window: Theory and experiment [J]. IEEE Transactions on Pattern Analysis and Machine Intelligence, 1994,16(9):920－932.

［15］Zitova B, Flusser J. Image registration methods: A survey [J]. Image and Vision Computing, 2003,21(11):977－1000.

［16］胡春海,平兆娜,郭士亮,等.改进非参数变换测度下的立体匹配[J].光电工程,2014,0(4):47－53.

［17］Stan B, Carlo T. Depth Discontinuities by Pixel-to-Pixel Stereo [J]. International Journal of Computer Vision, 1999,35(3):269－293.

［18］Veksler O. Fast variable window for stereo correspondence using integral images [C]. CVPR, 2003.

［19］McDonnell M J. Box-filtering techniques [J]. Computer Graphics & Image Processing, 1981,17(1):65－70.

［20］Heiko H, Innocent P R, Garibaldi J. Real-time correlation-based stereo vision with reduced border errors [J]. International Journal of Computer Vision, 2002,47(1－3):229－246.

［21］曾凡志,鲍苏苏.一种自适应多窗口的立体匹配算法[J].计算机科学,2012,39(S1):519－521＋558.

［22］De-Maeztu L, Villanueva A, Cabeza R. Stereo matching using gradient similarity and locally adaptive support-weight [J]. Pattern Recognition Letters, 2011,32(13):1643－1651.

[23] 郭龙源,孙长银,张国云,等.基于相位一致性的可变窗口立体匹配算法[J].计算机科学,2015,42 (S1):13-15.

[24] Zhang K, Lu J, Lafruit G. Cross-based local stereo matching using orthogonal integral images [J]. IEEE Transactions on Circuits and Systems for Video Technology, 2009,19(7):1073-1079.

[25] 马宁,门宇博,李香,等.基于模糊逻辑的多尺度小基高比立体匹配方法[J].中南大学学报(自然科学版),2016,47(7):2304-2310.

[26] Izquierdo E. Disparity/segmentation analysis: matching with an adaptive window and depth-driven segmentation [J]. IEEE Transactions on Circuits and Systems for Video Technology, 1999,9(4): 589-607.

[27] 曹林,于威威.基于图像分割的自适应窗口双目立体匹配算法研究[J].计算机科学,2021,48(S2): 314-318.

[28] Huang X M, Zhang Y J. An O(1) disparity refinement method for stereo matching [J]. Pattern Recognition, 2016,55,198-206.

[29] Yan T, Gan Y, Xia Z, et al. Segment-based disparity refinement with occlusion handling for stereo matching [J]. IEEE Transactions on Image Processing, 2019,28(8):3885-3897.

[30] Cochran S D, Medioni G. 3-D surface description from binocular stereo [J]. IEEE Transactions on Pattern Analysis and Machine Intelligence, 1992,14(10):981-994.

[31] 姚璐莹,霍智勇.基于稳态匹配概率和边缘感知视差传播的立体匹配算法研究[J].南京邮电大学学报(自然科学版),2016,36(2):124-130.

[32] 张忠民,刘金鑫,席志红.熵率超像素分割一致性检验视差细化算法[J].计算机工程与应用,2021, 57(5):204-209.

[33] 李勇,佟国峰,杨景超,等.三维点云场景数据获取及其场景理解关键技术综述[J].激光与光电子学进展,2019,56(4):040002.

[34] Cheng L, Chen S, Liu X, et al. Registration of laser scanning point clouds: A review [J]. Sensors, 2018,18:1641.

[35] Li A, Liu X, Sun J, et al. Risley-prism-based multi-beam scanning LiDAR for high-resolution three-dimensional imaging [J]. Optics and Lasers in Engineering, 2022,150:106836.

[36] 邓勇,张宇,杨振,等.基于人工标志法点云数据配准精度与标志相互位置的关系分析[J].测绘通报,2016,(S2):234-236+240.

[37] Dong Z, Yang B, Liang F, et al. Hierarchical registration of unordered TLS point clouds based on binary shape context descriptor [J]. ISPRS Journal of Photogrammetry and Remote Sensing, 2018, 144:61-79.

[38] Zhang J, Yao Y, Deng B. Fast and robust iterative closest point [J]. IEEE Transactions on Pattern Analysis and Machine Intelligence, 2022,44(7):3450-3466.

[39] 王成福,耿国华,胡佳贝,等.一种特征感知的三维点云简化算法[J].激光与光电子学进展,2019,56 (11):138-145.

[40] 刘彩霞,魏明强,郭延文.基于深度学习的三维点云修复技术综述[J].计算机辅助设计与图形学学报,2021,33(12):1936-1952.

第 *6* 章

视觉导引算法与跟踪控制策略

如何利用视觉感知信息跟踪控制机器人的运动轨迹,是构建机器人视觉导引回路的关键问题。本章分析了基于位置伺服方案和基于图像伺服方案的机器人控制策略,给出了各方案下视觉导引系统的控制结构图;又介绍面向位置伺服过程的运动目标跟踪滤波算法,阐明常见的目标运动模型及其对应系统的连续状态方程和离散状态方程。最后,分析了卡尔曼滤波算法和交互多模型算法的原理,并通过仿真和实验验证了机器人视觉伺服与目标状态估计的性能。

6.1 视觉导引控制策略

基于位置的视觉伺服导引在 3D 笛卡尔空间内实现,利用视觉信息获得目标物体的位置和姿态,与期望的位置和姿态相比较形成误差,并基于此控制策略,控制机器人或者相机运动。该方案首先需要获取目标图像信息,在此基础上建立目标物体在视觉导引系统中的全局位姿估计,具体实现方案根据视觉系统组成不同而存在差异(如单目系统,双目系统对目标位姿计算方法有所不同)。对于实时动态目标的位姿估计可以采用一些跟踪滤波算法,以减少噪声对实时系统的影响。获取目标的位姿信息后,与期望位姿共同形成控制信号输入到机器人控制回路中,系统闭环控制结构如图 6.1 所示。

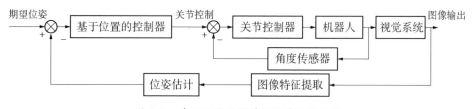

图 6.1 基于位置的视觉伺服系统结构图

基于图像的视觉伺服在 2D 图像空间内实现。利用视觉信息获得被观测对象在图像空间的特征,与期望的图像特征相比较形成误差,根据该误差设计控制律,控制机器人或者相机运动。与基于位置的视觉伺服相比,该方案不需要对目标物体进行位姿估计,而是直接基于图像计算系统的控制量。该方案可以减少一部分图像处理的时间延迟以及由于传感器模型和相机畸变导致的误差。基于图像的视觉伺服系统的基本闭环控制结构如图 6.2 所示。

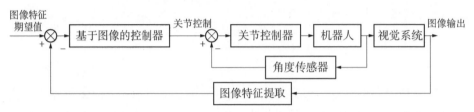

图 6.2　基于图像的视觉伺服系统结构图

在基于位置的视觉伺服方案中,通常依赖目标运动模型实现动态目标的位姿估计,结合滤波算法计算目标状态信息,这是视觉伺服中最重要的环节。

6.2　目标运动模型

6.2.1　匀速模型

匀速(constant velocity)模型,又称为 CV 模型,是最基础的运动模型,用来描述匀速直线运动目标的运动特性。CV 模型使用高斯白噪声描述运动目标的机动加速度。以目标一维运动情况为例,其连续状态方程可表示为

$$\begin{bmatrix} \dot{x}(t) \\ \ddot{x}(t) \end{bmatrix} = \begin{bmatrix} 0 & 1 \\ 0 & 0 \end{bmatrix} \begin{bmatrix} x(t) \\ \dot{x}(t) \end{bmatrix} + \begin{bmatrix} 0 \\ 1 \end{bmatrix} w(t) \tag{6.1a}$$

式中,x 为目标当前位置,其一阶和二阶导数分别表示目标的速度和加速度;过程噪声 $w(t)$ 为目标的机动加速度,$w(t)$ 为零均值,方差为 σ^2 的高斯白噪声。

对于跟踪控制系统来说,需要将系统状态方程离散化,因此假设观测数据的采样周期为 T,该连续系统的直接离散化模型(discrete model based on continuous system, DCM)[1]可以表示为

$$\begin{bmatrix} x(k+1) \\ \dot{x}(k+1) \end{bmatrix} = \begin{bmatrix} 1 & T \\ 0 & 1 \end{bmatrix} \begin{bmatrix} x(k) \\ \dot{x}(k) \end{bmatrix} + \begin{bmatrix} T^2/2 \\ T \end{bmatrix} w(k) \tag{6.1b}$$

一般将目标位置作为输出信息,令 $\boldsymbol{X}(k) = [x(k) \quad \dot{x}(k)]^{\mathrm{T}}$,输出时的量测噪声为 $\boldsymbol{\delta}(k)$,系统输出记为 $\boldsymbol{g}(k)$,则有:

$$\boldsymbol{g}(k+1) = \begin{bmatrix} 1 & 0 \end{bmatrix} \boldsymbol{X}(k) + \boldsymbol{\delta}(k) \tag{6.2}$$

6.2.2 匀加速模型

匀加速(constant acceleration)模型,又称为 CA 模型,该模型在 CV 模型的基础上引入目标运动加速度,其连续状态方程如下:

$$\begin{bmatrix} \dot{x}(t) \\ \ddot{x}(t) \\ \dddot{x}(t) \end{bmatrix} = \begin{bmatrix} 0 & 1 & 0 \\ 0 & 0 & 1 \\ 0 & 0 & 0 \end{bmatrix} \begin{bmatrix} x(t) \\ \dot{x}(t) \\ \ddot{x}(t) \end{bmatrix} + \begin{bmatrix} 0 \\ 0 \\ 1 \end{bmatrix} w(t) \tag{6.3a}$$

过程噪声 $w(t)$ 描述目标加速度的变化,符合零均值,方差为 σ^2 的高斯白噪声。

同样将 CA 模型状态方程离散化,得到直接离散化模型:

$$\begin{bmatrix} x(k+1) \\ \dot{x}(k+1) \\ \ddot{x}(k+1) \end{bmatrix} = \begin{bmatrix} 1 & T & T^2/2 \\ 0 & 1 & T \\ 0 & 0 & 1 \end{bmatrix} \begin{bmatrix} x(k) \\ \dot{x}(k) \\ \ddot{x}(k) \end{bmatrix} + \begin{bmatrix} T^3/6 \\ T^2/2 \\ T \end{bmatrix} w(k) \tag{6.3b}$$

令 $\boldsymbol{X}(k) = [x(k) \quad \dot{x}(k) \quad \ddot{x}(k)]^{\mathrm{T}}$,系统输出表示为

$$\boldsymbol{g}(k+1) = \begin{bmatrix} 1 & 0 & 0 \end{bmatrix} \boldsymbol{X}(k) + \boldsymbol{\delta}(k) \tag{6.4}$$

6.2.3 协同转弯模型

CT(coordinate turn)模型,也称为匀速圆周模型或协同转弯模型,针对平面内的匀速转弯运动[2]。引入平面二维坐标系 $X_T O_T Y_T$,如图 6.3 所示。目标运动速度为 v,转弯速率为 ω,目标当前位置与 x 轴正方向夹角为 θ。CT 模型中 ω 为常数,其正负表示运动方向。当 $\omega > 0$ 时,目标沿逆时针方向运动;当 $\omega < 0$ 时,目标沿顺时针方向运动;$\omega = 0$ 时,目标做匀速直线运动,模型退化为 CV 模型。

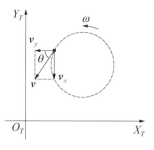

图 6.3 CT 模型运动示意图

在目标连续运动过程中,根据图 6.3 的当前状态,将目标运动速度沿 X_T 轴和 Y_T 轴分解,可以得到

$$x(t) = v_x(t) = |v| \cos\theta \qquad (6.5)$$
$$y(t) = v_y(t) = |v| \sin\theta$$

对上式求导可得：

$$\ddot{x}(t) = \dot{v}_x(t) = -\omega |v| \sin\theta = -\omega \dot{v}_y(t) = -\omega \dot{y}(t)$$
$$\ddot{y}(t) = \dot{v}_y(t) = \omega |v| \cos\theta = \omega \dot{v}_x(t) = \omega \dot{x}(t) \qquad (6.6)$$

由公式(6.6)可得 CT 模型的连续状态方程：

$$
\begin{bmatrix} \dot{x}(t) \\ \ddot{x}(t) \\ \dot{y}(t) \\ \ddot{y}(t) \end{bmatrix} = \begin{bmatrix} 0 & 1 & 0 & 0 \\ 0 & 0 & 0 & -\omega \\ 0 & 0 & 0 & 1 \\ 0 & \omega & 0 & 0 \end{bmatrix} = \begin{bmatrix} x(t) \\ \dot{x}(t) \\ y(t) \\ \dot{y}(t) \end{bmatrix} + \begin{bmatrix} 0 & 0 \\ 1 & 0 \\ 0 & 0 \\ 0 & 1 \end{bmatrix} \begin{bmatrix} w_x(t) \\ w_y(t) \end{bmatrix} \qquad (6.7a)
$$

式中，过程噪声 $w_x(t)$ 和 $w_y(t)$ 分别为目标在 X_T 和 Y_T 方向的机动加速度，二者均为零均值，方差为 σ^2 的高斯白噪声。

将 CT 模型的连续状态方程离散化，得到直接离散化模型，如下：

$$
\begin{bmatrix} x(k+1) \\ \dot{x}(k+1) \\ y(k+1) \\ \dot{y}(k+1) \end{bmatrix} = \begin{bmatrix} 1 & \dfrac{\sin(\omega T)}{\omega} & 0 & -\dfrac{1-\cos(\omega T)}{\omega} \\ 0 & \cos(\omega T) & 0 & -\sin(\omega T) \\ 0 & \dfrac{1-\cos(\omega T)}{\omega} & 1 & \dfrac{\sin(\omega T)}{\omega} \\ 0 & \sin(\omega T) & 0 & \cos(\omega T) \end{bmatrix} \begin{bmatrix} x(k) \\ \dot{x}(k) \\ y(k) \\ \dot{y}(k) \end{bmatrix}
$$

$$
+ \begin{bmatrix} \dfrac{T^2}{2} & 0 \\ T & 0 \\ 0 & \dfrac{T^2}{2} \\ 0 & T \end{bmatrix} \begin{bmatrix} w_x(k) \\ w_y(k) \end{bmatrix}
$$

$$\qquad (6.7b)$$

令 $\boldsymbol{X}(k) = [x(k) \quad \dot{x}(k)]^T$，$\boldsymbol{Y}(k) = [y(k) \quad \dot{y}(k)]^T$，系统输出可以表示为

$$
\begin{bmatrix} \boldsymbol{g}_x(k+1) \\ \boldsymbol{g}_y(k+1) \end{bmatrix} = \begin{bmatrix} 1 & 0 & 0 & 0 \\ 0 & 0 & 1 & 0 \end{bmatrix} \begin{bmatrix} \boldsymbol{X}(k) \\ \boldsymbol{Y}(k) \end{bmatrix} + \begin{bmatrix} \boldsymbol{\delta}_x(k) \\ \boldsymbol{\delta}_y(k) \end{bmatrix} \qquad (6.8)
$$

式中，$\boldsymbol{\delta}_x$ 和 $\boldsymbol{\delta}_y$ 分别为系统输出时在 X_T 和 Y_T 方向上的量测噪声。

CV 模型、CA 模型以及 CT 模型分别针对不同的运动模式,并且对目标机动的处理是将其当作高斯白噪声,没有在模型中专门引入目标的机动特性,而实际目标机动特性不一定符合高斯白噪声的特性。另外使用高斯白噪声处理目标机动,当目标机动增强,描述机动的噪声的方差会随之增大,会在模型中引入较大的系统误差。针对上述问题,发展出了 Singer 模型和"当前"模型。

6.2.4　Singer 模型

Singer 模型由 R. A. Singer 提出,是一种一阶时间相关模型[3]。Singer 模型使用指数自相关的零均值平稳随机过程来描述目标的机动加速度 $a(t)$。根据平稳随机过程的特性,如对称性和衰减性等,使用指数衰减形式来表示目标的机动加速度 $a(t)$ 的时间相关函数[4],如下:

$$R_a(\tau) = E\{a(\tau)a(t+\tau)\} = \sigma_a^2 e^{-\alpha|\tau|} \tag{6.9}$$

式中,σ_a 为目标机动加速度的方差,可由目标机动加速度的概率密度函数求得;α 为目标的机动频率,即机动时间常数的倒数,需要通过实际测量确定。

对目标机动加速度 $a(t)$ 的时间相关函数 R_a 进行 Wiener-Kolmogorov 白化处理,$a(t)$ 可表示为输入噪声为白噪声的一阶时间相关模型,如下:

$$\dot{a}(t) = -\alpha a(t) + w(t) \tag{6.10}$$

式中,$w(t)$ 为零均值、方差为 $2\alpha\sigma_a^2$ 的高斯白噪声。

用 Singer 模型描述目标的一维运动,其连续运动状态方程如下:

$$\begin{bmatrix} \dot{x}(t) \\ \ddot{x}(t) \\ \dddot{x}(t) \end{bmatrix} = \begin{bmatrix} 0 & 1 & 0 \\ 0 & 0 & 1 \\ 0 & 0 & -\alpha \end{bmatrix} \begin{bmatrix} x(t) \\ \dot{x}(t) \\ \ddot{x}(t) \end{bmatrix} + \begin{bmatrix} 0 \\ 0 \\ 1 \end{bmatrix} w(t) \tag{6.11a}$$

将 Singer 模型离散化后,得到其直接离散化模型:

$$\begin{bmatrix} x(k+1) \\ \dot{x}(k+1) \\ \ddot{x}(k+1) \end{bmatrix} = \begin{bmatrix} 1 & T & \dfrac{\alpha T + e^{-\alpha T} - 1}{\alpha^2} \\ 0 & 1 & \dfrac{1 - e^{-\alpha T}}{\alpha} \\ 0 & 0 & e^{-\alpha T} \end{bmatrix} \begin{bmatrix} x(k) \\ \dot{x}(k) \\ \ddot{x}(k) \end{bmatrix} + \begin{bmatrix} \dfrac{\alpha T + e^{-\alpha T} - 1}{\alpha^3} - \dfrac{T^2}{2\alpha} \\ \dfrac{\alpha T + e^{-\alpha T} - 1}{\alpha^2} \\ \dfrac{1 - e^{-\alpha T}}{\alpha} \end{bmatrix} w(k)$$

$$\tag{6.11b}$$

令 $\boldsymbol{X}(k)=\begin{bmatrix} x(k) & \dot{x}(k) & \ddot{x}(k) \end{bmatrix}^{\mathrm{T}}$，系统输出可以表示为

$$\boldsymbol{g}(k+1)=\begin{bmatrix} 1 & 0 & 0 \end{bmatrix}\boldsymbol{X}(k)+\delta(k) \tag{6.12}$$

相较于 CV、CA 等模型等使用高斯白噪声描述目标机动，Singer 模型使用有色噪声描述目标的机动加速度，对目标机动的描述更为准确。但是 Singer 模型使用平稳随机过程描述目标机动加速度特性，对于强机动目标会造成很大的误差，Singer 模型一般用于描述介于匀速和匀加速之间的运动特性。

6.2.5 "当前"统计模型

"当前"统计模型由我国周宏仁教授提出，该方法的基本思想在于，当目标正在以某一个加速度机动时，其下一时刻的加速度取值是有限的，并且只能在"当前"加速度的邻域内取值[4]。"当前"统计模型可以认为是 Singer 模型的改进，主要改进方面为：(1)认为目标的机动加速度的均值为非零值，并取均值为当前加速度的预测值；(2)使用瑞利分布而不是均匀分布，来描述目标机动加速度。

根据目标当前加速度的正负以及加速度为零这三种情况，其概率密度函数有不同的表述[4]。目标机动加速度符合一阶时间相关过程，可以表示为

$$\begin{aligned} \ddot{x}(t) &= \bar{a}(t)+a(t) \\ \dot{a}(t) &= -\alpha a(t)+w(t) \end{aligned} \tag{6.13}$$

式中，$\bar{a}(t)$ 为目标机动加速度的"当前"均值，对于离散系统来说，$\bar{a}(t)$ 在每一个采样周期内为定值；α 和 $w(t)$ 与 6.2.4 小节中定义相同，分别为目标机动频率和零均值、方差为 $2\alpha\sigma_a^2$ 的输入噪声。

令 $a_1(t)=\bar{a}(t)+a(t)$，公式(6.13)可以写为

$$\begin{aligned} \ddot{x}(t) &= a_1(t) \\ \dot{a}_1(t) &= -\alpha a_1(t)+\alpha \bar{a}(t)+w(t) \end{aligned} \tag{6.14}$$

根据公式(6.14)，得到"当前"统计模型的连续状态方程，如下：

$$\begin{bmatrix} \dot{x}(t) \\ \ddot{x}(t) \\ \dddot{x}(t) \end{bmatrix}=\begin{bmatrix} 0 & 1 & 0 \\ 0 & 0 & 1 \\ 0 & 0 & -\alpha \end{bmatrix}\begin{bmatrix} x(t) \\ \dot{x}(t) \\ \ddot{x}(t) \end{bmatrix}+\begin{bmatrix} 0 \\ 0 \\ \alpha \end{bmatrix}\bar{a}(t)+\begin{bmatrix} 0 \\ 0 \\ 1 \end{bmatrix}w(t) \tag{6.15}$$

其直接离散化模型为

$$
\begin{bmatrix} x(k+1) \\ \dot{x}(k+1) \\ \ddot{x}(k+1) \end{bmatrix} = \begin{bmatrix} 1 & T & \dfrac{\alpha T + e^{-\alpha T} - 1}{\alpha^2} \\ 0 & 1 & \dfrac{1 - e^{-\alpha T}}{\alpha} \\ 0 & 0 & e^{-\alpha T} \end{bmatrix} \begin{bmatrix} x(k) \\ \dot{x}(k) \\ \ddot{x}(k) \end{bmatrix} + \alpha \boldsymbol{B}\bar{a}(k) + \boldsymbol{B}w(k)
$$

$$\text{(6.16a)}$$

$$
\boldsymbol{B} = \begin{bmatrix} \dfrac{\alpha T + e^{-\alpha T} - 1}{\alpha^3} - \dfrac{T^2}{2\alpha} \\ \dfrac{\alpha T + e^{-\alpha T} - 1}{\alpha^2} \\ \dfrac{1 - e^{-\alpha T}}{\alpha} \end{bmatrix} \tag{6.16b}
$$

令 $\boldsymbol{X}(k) = [x(k) \quad \dot{x}(k) \quad \ddot{x}(k)]^{\mathrm{T}}$，系统输出可以表示为

$$
\boldsymbol{g}(k+1) = [1 \quad 0 \quad 0] \boldsymbol{X}(k) + \boldsymbol{\delta}(k) \tag{6.17}
$$

"当前"统计模型中，已知目标加速度的最大值 a_{+M} 和最小值 a_{-M}，根据目标加速度 a 的正负可以将其概率密度函数分为下面三种情况。

(1) $a > 0$ 时，加速度的概率密度函数表示为

$$
P(a) = \begin{cases} \dfrac{(a_{+M} - a)}{\mu^2} \exp\left\{ -\dfrac{(a_{+M} - a)^2}{2\mu^2} \right\}, & 0 < a < a_{+M} \\ 0, & a \geqslant a_{+M} \end{cases} \tag{6.18}
$$

式中，μ 为常数，并且 $\mu > 0$，a 的均值和方差分别为

$$
E(a) = a_{+M} - \sqrt{\dfrac{\pi}{2}} \mu
$$

$$
\sigma_a^2 = \dfrac{4 - \pi}{2} \mu^2 \tag{6.19}
$$

(2) $a < 0$ 时，加速度的概率密度函数表示为

$$
P(a) = \begin{cases} \dfrac{(a - a_{-M})}{\mu^2} \exp\left\{ -\dfrac{(a - a_{-M})^2}{2\mu^2} \right\}, & a_{-M} < a < 0 \\ 0, & a \leqslant a_{-M} \end{cases} \tag{6.20}
$$

$$E(a) = a_{-M} + \sqrt{\frac{\pi}{2}} \mu$$

$$\sigma_a^2 = \frac{4-\pi}{2} \mu^2 \tag{6.21}$$

(3) $a = 0$ 时：

$$P(a) = \delta(a) \tag{6.22}$$

式中，$\delta(\cdot)$为狄拉克函数。

"当前"统计模型在 Singer 模型的基础上做了进一步的改进，对目标机动特性的描述使用了非零均值和修正瑞利分布，更符合实际情况。该模型更加适用于对目标运动状态的估计，精度得到了一定提高，得到了广泛的应用。但是该模型计算较为复杂，对于目标机动不明显的情况，该模型的优势不明显。

6.2.6 自适应机动目标模型

在"当前"统计模型的基础上，发展出了"当前"统计模型的均值和方差自适应机动目标模型[4]。该模型通过机动辨识过程，对目标机动的统计特性（包括机动方差和均值等）进行实时辨识，并根据辨识结果，对加速度的分布进行修正，反馈到下一时刻的跟踪滤波过程，基本原理如下。

对于机动目标的"当前"统计模型，其基于连续系统的离散化模型（discrete model based on continuous system, DCM)[1]可以表示为

$$\begin{bmatrix} x(k+1) \\ \dot{x}(k+1) \\ \ddot{x}(k+1) \end{bmatrix} = \begin{bmatrix} 1 & T & \frac{\alpha T + e^{-\alpha T}-1}{\alpha^2} \\ 0 & 1 & \frac{1-e^{-\alpha T}}{\alpha} \\ 0 & 0 & e^{-\alpha T} \end{bmatrix} \begin{bmatrix} x(k) \\ \dot{x}(k) \\ \ddot{x}(k) \end{bmatrix} + \alpha \mathbf{B}\bar{a}(k) + \mathbf{W}(k) \tag{6.23}$$

$\mathbf{W}(k)$是零均值的高斯白噪声，其协方差矩阵为对称矩阵，用 $\mathbf{Q}(k)$ 表示：

$$\mathbf{Q}(k) = E[\mathbf{W}(k)\mathbf{W}^T(k)] = 2\alpha\sigma_a^2 \begin{bmatrix} q_{11} & q_{12} & q_{13} \\ q_{21} & q_{22} & q_{23} \\ q_{31} & q_{32} & q_{33} \end{bmatrix} \tag{6.24}$$

$$
\begin{cases}
q_{11} = \dfrac{1}{2\alpha^5}\left[1 - e^{-2aT} + 2\alpha T + \dfrac{2\alpha^3 T^3}{3} - 2\alpha^2 T^2 - 4\alpha T e^{-aT}\right] \\[3mm]
q_{12} = \dfrac{1}{2\alpha^4}\left[e^{-2aT} + 1 - 2e^{-aT} + 2\alpha T e^{-aT} - 2\alpha T + \alpha^2 T^2\right] \\[3mm]
q_{13} = \dfrac{1}{2\alpha^3}\left[1 - e^{-2aT} - 2\alpha T e^{-aT}\right] \\[3mm]
q_{22} = \dfrac{1}{2\alpha^3}\left[4e^{-aT} - 3 - e^{-2aT} + 2\alpha T\right] \\[3mm]
q_{23} = \dfrac{1}{2\alpha^2}\left[e^{-2aT} + 1 - 2\alpha T\right] \\[3mm]
q_{33} = \dfrac{1}{2\alpha}\left[1 - e^{-2aT}\right]
\end{cases}
\tag{6.25}
$$

对于公式 (6.23)，使用下一小节介绍的标准卡尔曼滤波算法进行状态预测，$Q(k)$ 为过程噪声协方差矩阵。如果令目标加速度的先验估计 $\ddot{\hat{x}}(k/k-1)$ 近似表示当前加速度均值 $\bar{a}(t)$，得到"当前"统计模型的均值与方差自适应模型，即令：

$$
\bar{a}(k) = \ddot{\hat{x}}(k/k-1)
\tag{6.26}
$$

此时机动加速度的修正瑞利分布的方差为

$$
\sigma_a^2 = \begin{cases}
\dfrac{4-\pi}{\pi}\left[a_{+M} - \bar{a}(k)\right]^2, & \ddot{\hat{x}}(k/k-1) \geqslant 0 \\[3mm]
\dfrac{4-\pi}{\pi}\left[a_{-M} + \bar{a}(k)\right]^2, & \ddot{\hat{x}}(k/k-1) < 0
\end{cases}
\tag{6.27}
$$

该模型提高了对运动目标机动的自适应能力，算法简单直接，在众多单模型算法中，其综合性能优良。但是与"当前"统计模型类似，该模型也更适用于对高机动目标，而不太适合用于机动不明显或者无机动目标的跟踪。

6.3　卡尔曼滤波算法

除了建立合适的运动模型来描述目标的运动状态之外，由于实际目标观测数据的获取不可避免存在噪声，需要使用滤波算法从噪声信号中估计目标的真实运动状态。另一方面，使用滤波预测可以克服目标短时遮挡，提高跟踪系统鲁棒性。

目前常用的线性滤波方法有:维纳滤波、$\alpha-\beta$ 滤波以及卡尔曼滤波[5, 6]等。其中卡尔曼滤波(Kalman filter, KF)是一种在时域上对线性系统的状态进行最优估计的算法。卡尔曼滤波基于贝叶斯估计理论,使用状态方程对线性系统进行建模,并假设系统状态量和观测量服从高斯分布,过程噪声和测量噪声服从零均值的高斯分布。卡尔曼滤波使用递推方程进行计算,便于编程实现,同时不需要存储系统历史状态数据和观测数据,程序占用空间小,非常适用于嵌入式系统。

卡尔曼滤波算法目前已经广泛应用于导航制导、数据通信、信号处理以及目标跟踪等领域。在此基础上还发展出了针对非线性系统状态估计扩展卡尔曼滤波和无迹卡尔曼滤波等算法。下面介绍卡尔曼滤波算法的原理。

6.3.1 基本原理

对于线性系统,其离散时间状态方程和观测方程可以表示如下:

$$X(k+1)=\boldsymbol{\Phi}(k+1,\ k)X(k)+\boldsymbol{\Gamma}(k+1,\ k)W(k) \quad (6.28)$$
$$Z(k+1)=H(k+1)X(k+1)+V(k+1)$$

式中,k 为离散时间;$X(k+1)$ 是 $k+1$ 时刻的系统状态矩阵,$Z(k+1)$ 是 $k+1$ 时刻的系统观测矩阵;$\boldsymbol{\Phi}(k)$ 和 $\boldsymbol{\Gamma}(k)$ 分别是系统的状态转移矩阵和噪声转移矩阵,$H(k+1)$ 是观测矩阵;$W(k)$ 是系统噪声,也称为过程噪声,$V(k+1)$ 是观测噪声。其中,$W(k)$ 和 $V(k)$ 是相互独立的零均值高斯白噪声,协方差矩阵分别为 $Q(k)$ 和 $R(k)$。

在 k−1 时刻进行第 k−1 次观测之后,假设系统状态向量 $X(k-1)$ 的线性最小方差估计为 $\hat{X}(k-1/k-1)$。 那么 k 时刻,由系统状态方程和已知的 $\hat{X}(k-1/k-1)$,按照最小方差估计,可以得到系统状态向量的最佳预测(又称为先验估计):

$$\hat{X}(k/k-1)=\boldsymbol{\Phi}(k,\ k-1)\hat{X}(k-1/k-1) \quad (6.29)$$

同理可得 k 时刻观测向量的最佳预测为

$$Z(k/k-1)=H(k)X(k/k-1) \quad (6.30)$$

将上述两个独立估计按照加权的方式组合起来,可得:

$$\hat{X}(k/k)=\hat{X}(k/k-1)+K(k)[Z(k)-H(k)\hat{X}(k/k-1)] \quad (6.31a)$$

$$\tilde{\boldsymbol{Z}}(k/k-1) = \boldsymbol{Z}(k) - \hat{\boldsymbol{Z}}(k/k-1) = \boldsymbol{Z}(k) - \boldsymbol{H}(k)\hat{\boldsymbol{X}}(k/k-1)$$

$$(6.31b)$$

式中，$\hat{\boldsymbol{X}}(k/k)$ 为 k 时刻系统状态的最优估计，也称为后验状态估计。$\tilde{\boldsymbol{Z}}(k/k-1)$ 表示实际观测量 $\boldsymbol{Z}(k)$ 与预测观测量 $\hat{\boldsymbol{Z}}(k/k-1)$ 之间的差值，称为新息（也称为"残差"）。$\boldsymbol{K}(k)$ 表示 k 时刻最佳估计的增益矩阵，即卡尔曼增益矩阵，可以通过使估计的均方误差矩阵达到最小来求得。

令 $\tilde{\boldsymbol{X}}(k/k-1)$ 表示先验估计误差，$\boldsymbol{P}(k/k-1)$ 表示先验估计误差协方差矩阵：

$$\boldsymbol{P}(k/k-1) = E\left[\tilde{\boldsymbol{X}}(k/k-1)\tilde{\boldsymbol{X}}^T(k/k-1)\right] \qquad (6.32a)$$

$$\tilde{\boldsymbol{X}}(k/k-1) = \boldsymbol{X}(k) - \hat{\boldsymbol{X}}(k/k-1) \qquad (6.32b)$$

将公式(6.32)带入(5.28)，可得：

$$\boldsymbol{P}(k/k-1) = \boldsymbol{\Phi}(k,k-1)\boldsymbol{P}(k-1/k-1)\boldsymbol{\Phi}^T(k,k-1) \qquad (6.33)$$
$$+ \boldsymbol{\Gamma}(k,k-1)\boldsymbol{Q}(k-1)\boldsymbol{\Gamma}^T(k,k-1)$$

令 $\boldsymbol{P}(k/k)$ 表示后验估计的误差协方差矩阵：

$$\boldsymbol{P}(k/k) = E\left[\tilde{\boldsymbol{X}}(k/k)\tilde{\boldsymbol{X}}^T(k/k)\right] \qquad (6.34a)$$

$$\tilde{\boldsymbol{X}}(k/k) = \boldsymbol{X}(k) - \hat{\boldsymbol{X}}(k/k) \qquad (6.34b)$$

通过最小化 $\boldsymbol{P}(k/k)$ 可以得到卡尔曼增益矩阵 $\boldsymbol{K}(k)$ 和后验估计误差协方差矩阵 $\boldsymbol{P}(k/k)$，表示为

$$\boldsymbol{K}(k) = \boldsymbol{P}(k/k-1)\boldsymbol{H}^T(k)\left[\boldsymbol{H}(k)\boldsymbol{P}(k/k-1)\boldsymbol{H}^T(k) + \boldsymbol{R}(k)\right]^{-1}$$

$$(6.35)$$

$$\boldsymbol{P}(k/k) = \left[\boldsymbol{I} - \boldsymbol{K}(k)\boldsymbol{H}(k)\right]\boldsymbol{P}(k/k-1) \qquad (6.36)$$

整理公式(6.29)～公式(6.36)，得到卡尔曼滤波算法的 5 个基本方程如下所示。

（1）先验状态估计：

$$\hat{\boldsymbol{X}}(k/k-1) = \boldsymbol{\Phi}(k,k-1)\hat{\boldsymbol{X}}(k-1/k-1) \qquad (6.37a)$$

（2）后验状态估计：

$$\hat{\boldsymbol{X}}(k/k) = \hat{\boldsymbol{X}}(k/k-1) + \boldsymbol{K}(k)\left[\boldsymbol{Z}(k) - \boldsymbol{H}(k)\hat{\boldsymbol{X}}(k/k-1)\right] \qquad (6.37b)$$

（3）卡尔曼增益计算：

$$\boldsymbol{K}(k) = \boldsymbol{P}(k/k-1)\boldsymbol{H}^T(k)\left[\boldsymbol{H}(k)\boldsymbol{P}(k/k-1)\boldsymbol{H}^T(k) + \boldsymbol{R}(k)\right]^{-1}$$

$$(6.37c)$$

（4）先验估计误差协方差：

$$P(k/k-1) = \boldsymbol{\Phi}(k, k-1)P(k-1/k-1)\boldsymbol{\Phi}^T(k, k-1)$$
$$+ \boldsymbol{\Gamma}(k, k-1)\boldsymbol{Q}(k-1)\boldsymbol{\Gamma}^T(k, k-1)$$

$$(6.37d)$$

（5）后验估计误差协方差：

$$\boldsymbol{P}(k/k) = [\boldsymbol{I} - \boldsymbol{K}(k)\boldsymbol{H}(k)]\boldsymbol{P}(k/k-1) \qquad (6.37e)$$

卡尔曼滤波的关键就是根据最优估计，求出系统的卡尔曼增益 $\boldsymbol{K}(k)$，然后使用比例加权将先验状态估计 $\hat{\boldsymbol{X}}(k/k-1)$ 和新息 $\tilde{\boldsymbol{Z}}(k/k-1)$ 组合起来，得到后验估计 $\hat{\boldsymbol{X}}(k/k)$。其中新息反映了先验估计的误差以及当前观测的误差，通过卡尔曼增益 $\boldsymbol{K}(k)$ 调整新息在系统状态估计中的权重最后得到系统状态的最优估计。当卡尔曼增益较大时，此时系统状态估计中新息所占权重较大，表明当前状态估计更偏向于新观测值；而卡尔曼增益较小时，状态估计更偏向于状态预测值。

6.3.2 算法流程

由以上的分析可知，卡尔曼滤波器使用预测观测量 $\hat{\boldsymbol{Z}}(k/k-1)$ 作为系统反馈，用新息 $\tilde{\boldsymbol{Z}}(k/k-1)$ 和卡尔曼增益 $\boldsymbol{K}(k)$ 来矫正系统状态的先验估计 $\hat{\boldsymbol{X}}(k/k-1)$，得到系统状态的后验估计 $\hat{\boldsymbol{X}}(k/k)$，是一种负反馈系统，其结构框图如图 6.4 所示。

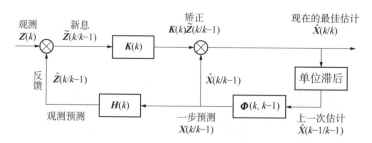

图 6.4 卡尔曼滤波算法基本结构框图

对于线性离散系统状态的在线估计，卡尔曼滤波算法的计算流程图如图 6.5 所示。对于给定的系统，需要提供系统过程噪声和测量噪声的协方差矩阵 $\boldsymbol{Q}(k)$ 和 $\boldsymbol{R}(k)$，系统初始状态下的 $\hat{\boldsymbol{X}}(0/0)$ 和 $\boldsymbol{P}(0/0)$，然后可以按照图 6.5 的

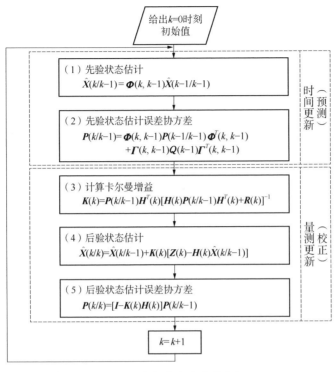

图 6.5　卡尔曼滤波计算流程

计算流程进行计算。卡尔曼滤波的计算是一个预测和矫正交替执行的递推过程，可以分为时间更新和量测更新两部分。其中时间更新过程获取系统状态的先验估计并更新先验估计误差协方差矩阵，这一过程也称为预测；测量更新过程根据量测值得到系统的新息并计算卡尔曼增益，最后得到系统状态的后验估计及其误差协方差矩阵。经过一轮时间更新，最终从噪声信号中获得系统状态的最优估计。

6.4　交互多模型跟踪滤波算法

　　基于单个目标运动模型的跟踪滤波可以实现对单一运动模式的弱机动目标跟踪，无法适应复杂多变的目标运动。Magill 在研究随机过程样本估计的最优自适应方法时最早提出了多模型算法[7]。多模型算法的本质是使用一个由多种不同运动模型构成的模型集来描述目标的运动，由各模型综合决定系统输出。

多模型算法发展初期,模型集中各模型之间相互独立,根据模型转移概率从模型集中选择一个模型的状态估计结果作为最终输出,称为静态多模型。Blom 和 Bar-Shalom 在此基础上发展出了交互式多模型算法[8](interacting multiple algorithm,IMM)。IMM 算法认为模型集中不同模型之间相互作用,使用马尔科夫矩阵进行不同模型之间的概率转换,根据不同模型的概率对单模型的估计结果进行加权求和,得到的综合结果即是目标状态的总体估计。IMM 算法可以通过模型集的合理设计,实现对目标运动的全面描述,在实际中得到了广泛的应用。

6.4.1 算法原理

假设 IMM 算法的模型集 M 中包含 n 个子模型:

$$M = \{m_1, m_2, \cdots, m_n\} \tag{6.38}$$

根据公式(5.28)模型集中第 i 个模型的系统状态方程和观测方程分别为

$$\boldsymbol{X}_i(k+1) = \boldsymbol{\Phi}_i(k+1, k)\boldsymbol{X}_i(k) + \boldsymbol{\Gamma}(k+1, k)\boldsymbol{W}_i(k) \tag{6.39}$$
$$\boldsymbol{Z}_i(k) = \boldsymbol{H}_i(k)\boldsymbol{X}_i(k) + \boldsymbol{V}_i(k)$$

上式中各符号的定义与 6.2 小节中一致,高斯白噪声 $\boldsymbol{W}_i(k)$ 和 $\boldsymbol{V}_i(k)$ 的协方差矩阵分别为 $\boldsymbol{Q}_i(k)$ 和 $\boldsymbol{R}_i(k)$。

IMM 算法使用马尔科夫链实现不同模型之间的状态转移,令 τ_{ij} 表示模型 m_i 到 m_j 的转移概率,则马尔科夫概率转移矩阵可以写为

$$\boldsymbol{T} = \begin{bmatrix} \tau_{11} & \cdots & \tau_{1n} \\ \vdots & \ddots & \vdots \\ \tau_{n1} & \cdots & \tau_{nm} \end{bmatrix} \tag{6.40}$$

IMM 算法在其一个递推周期内,可以分为四个步骤,分别为:模型交互、并行滤波、模型概率更新以及加权组合输出。

1) 模型交互

假设在 $k-1$ 时刻,系统滤波估计得到第 i 个模型的状态最优估计和该估计的误差协方差,记为 $\hat{\boldsymbol{X}}_i(k-1/k-1)$ 和 $\boldsymbol{P}i(k-1/k-1)$。第 i 个模型的模型匹配概率(即该模型的权重)记为 μ_i,各模型之间的转移概率由马尔科夫概率转移矩阵 $\boldsymbol{T}$ 给出。

在 k 时刻,需要根据第 i 个模型的匹配概率以及各个模型到模型 i 的转移

概率,对各个模型在 $k-1$ 时刻的最优估计进行交互,生成用于 k 时刻初始化模型 i 的滤波器的初始值 $\hat{\boldsymbol{X}}_{i0}(k-1/k-1)$ 和 $\boldsymbol{P}_{i0}(k-1/k-1)$,该过程称为模型交互,如图 6.6 所示。模型交互的具体公式如下:

$$\boldsymbol{X}_{i0}(k-1/k-1)=\sum_{j=1}^{n}\boldsymbol{X}_{j}(k-1/k-1)\boldsymbol{\mu}_{j|i}(k-1/k-1) \quad (6.41a)$$

$$\boldsymbol{P}_{i0}(k-1/k-1)=\sum_{j=1}^{n}\boldsymbol{\mu}_{j|i}(k-1/k-1)\{\boldsymbol{P}_{j}(k-1/k-1)+\boldsymbol{A}\boldsymbol{A}^{T}\}$$

$$(6.41b)$$

$$\boldsymbol{A}=[\boldsymbol{X}_{j}(k-1/k-1)-\boldsymbol{X}_{i0}(k-1/k-1)] \quad (6.41c)$$

其中 $\mu_{j|i}$ 定义为各模型的输入混合概率:

$$\mu_{j|i}(k-1/k-1)=\frac{\mu_{j}(k-1)\tau_{ji}}{\bar{c}_{i}} \quad (6.42)$$

$$\bar{c}_{i}=\sum_{j=1}^{n}\mu_{j}(k-1)\tau_{ji}$$

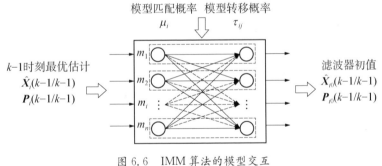

图 6.6　IMM 算法的模型交互

2) 并行滤波

对于模型 m_i,经过模型交互之后,得到了该模型的初值 $\boldsymbol{X}_{i0}(k-1/k-1)$ 和 $\boldsymbol{P}_{i0}$,根据 k 时刻的观测量 $\boldsymbol{Z}(k)$,对该模块进行独立的滤波(此处使用 6.2 小节介绍的卡尔曼滤波算法),输出模块 m_i 的滤波结果 $\boldsymbol{X}_{i}(k/k)$ 和 $\boldsymbol{P}_{i}(k/k)$。对模型集中的所有模块分别进行上述独立的滤波过程,称为并行滤波,如图 6.7 所示。另外针对模型 m_i,给出其滤波过程中新息 $\tilde{\boldsymbol{Z}}_{i}$ 的协方差矩阵,记为 $\boldsymbol{S}_{i}(k)$:

$$\tilde{\boldsymbol{Z}}_i = \boldsymbol{Z}(k) - \boldsymbol{H}_i(k)\hat{\boldsymbol{X}}_i(k/k-1)$$

$$\boldsymbol{S}_i = \boldsymbol{H}_i(k)\boldsymbol{P}(k/k-1)\boldsymbol{H}_i^T(k) + \boldsymbol{R}_i(k)$$

(6.43)

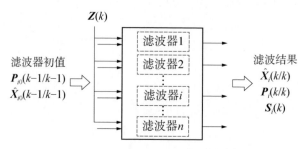

图 6.7　IMM 算法的并行滤波

3）模型概率更新

按照下式计算出模型 m_i 对于观测信号 Z_i 的似然函数：

$$\boldsymbol{\Lambda}_i(k) = N(\tilde{\boldsymbol{Z}}_i ; 0, \boldsymbol{S}_i(k)) = \frac{1}{\sqrt{2\pi|\boldsymbol{S}_i(k)|}}\exp\left\{-\frac{1}{2}\tilde{\boldsymbol{Z}}_i^{\mathrm{T}}\boldsymbol{S}_i(k)\tilde{\boldsymbol{Z}}_i\right\}$$

(6.44)

根据模型概率转移矩阵 $\boldsymbol{T}$ 以及模型 m_i 对应的似然函数 $\boldsymbol{\Lambda}_i(k)$，按照公式 (6.45)对该模型上一时刻的模型概率 $\mu_i(k-1)$ 进行更新，得到 k 时刻的模型概率 $\mu_i(k)$：

$$\mu_i(k) = \frac{\boldsymbol{\Lambda}_i(k)\bar{c}_i}{\sum_{i=1}^{n}\boldsymbol{\Lambda}_i(k)\bar{c}}$$

(6.45)

4）加权组合输出

根据各个子模型的滤波结果及其模型概率，按照加权组合方式得到最终 IMM 算法滤波估计结果 $\boldsymbol{X}_i(k/k)$ 和 $\boldsymbol{P}_i(k/k)$，如图 6.8 所示。

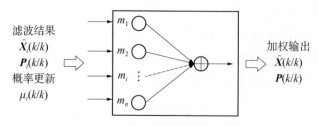

图 6.8　IMM 算法的加权组合输出

$$\hat{\boldsymbol{X}}(k/k) = \sum_{i=1}^{n} \boldsymbol{X}_i(k/k)\mu_i(k)$$

$$\boldsymbol{P}(k/k) = \sum_{i=1}^{n} \mu_i(k)\left[\boldsymbol{P}_i(k/k) + \boldsymbol{B}\boldsymbol{B}^{\mathrm{T}}\right] \tag{6.46}$$

式中，$\boldsymbol{B} = \boldsymbol{X}_i(k/k) - \boldsymbol{X}(k/k)$。

6.4.2　流程归纳

IMM 算法假设模型之间的概率转移服从有限的马尔科夫链并由转移概率矩阵给出，来计算递推过程中不同模型之间的转移概率，其流程图如图 6.9 所示。

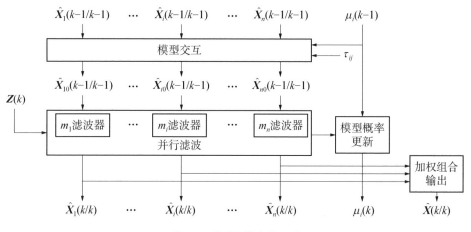

图 6.9　IMM 算法流程图

在一个递推过程中，首先根据模型匹配概率和各模型之间的转移概率，进行输入数据交互，更新各个滤波器当前时刻的初始值。各个模型根据各自独立的滤波器进行并行滤波，得到各自的滤波输出，然后更新各模型的模型概率。最终根据新的模型概率对所有滤波器的输出进行加权组合，得到 IMM 算法的最终输出。

6.5　实验验证

6.5.1　跟踪滤波仿真验证

设计如图 6.10 所示的目标运动轨迹，该轨迹包含匀加速、匀速以及匀速圆周运动，以模拟目标物体的运动，同时对该轨迹添加噪声。

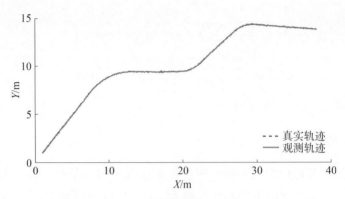

图 6.10　真实轨迹与观测轨迹

　　使用 CV 模型、CA 模型、CT 模型、自适应机动目标模型以及交互多模型，基于卡尔曼滤波算法，对该轨迹进行滤波估计，进行 50 次蒙特卡洛仿真实验。定义 X 和 Y 方向的滤波误差分别 e_X 和 e_Y，综合滤波误差为 e_{XY}，其中 $e_{XY} = \sqrt{e_X^2 + e_Y^2}$。仿真结果如图 6.11～图 6.14 所示。

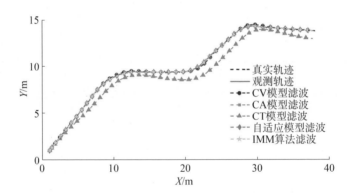

图 6.11　滤波输出与真实轨迹

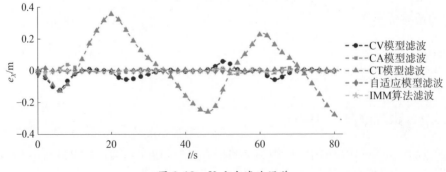

图 6.12　X 方向滤波误差

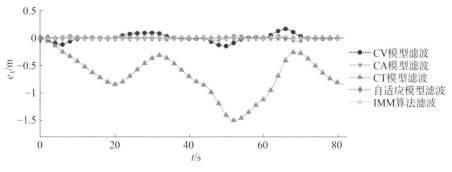

图 6.13　Y 方向滤波误差

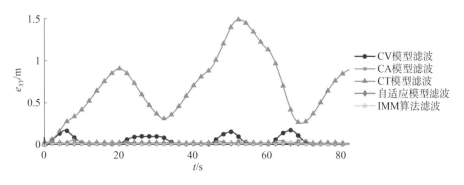

图 6.14　距离上滤波误差

从实验结果中可以看出 CT 模型进行滤波跟踪的跟踪误差最大,跟踪也存在较明显的滞后。CV、CA 和 CT 模型这三个基本模型中,CA 模型跟踪精度相对较高。但是当目标发生一些转弯、加减速等机动时,仍会存在滞后。相较于上述三种模型,自适应机动目标模型和交互多模型方法的跟踪误差较小,性能相对较好。对 e_{XY} 的均方根值(root-mean square error, RMSE)、绝对误差积分指标(integrated absolute error, IAE)以及绝对误差峰值指标(peak of absolute error, PAE)进行计算,结果如表 6.1。从表中可以看出,IMM 算法滤波跟踪的误差最小,算法性能较优。

表 6.1　IMM 算法与单一模型滤波跟踪性能比较

比较指标	CV 模型	CA 模型	CT 模型	自适应模型	IMM
RMSE/m	0.075 6	0.025 8	0.789 1	0.021 3	0.014 4
IAE/m	5.527 5	1.839 1	57.084 9	1.739 6	1.152 5
PAE/m	0.174 9	0.058 4	1.491 9	0.035 6	0.028 0

6.5.2 目标位置估计实验

以机器人末端执行器上的圆形标志作为目标物体,实验中采集一段机器人运动的视频,使用跟踪滤波算法对目标图像位置进行估计[9]。实验中在目标运动路径上放置一个黑色障碍物以模拟物体可能受到的干扰。实验视频关键时刻的图像帧如图6.15所示。图6.15中不同帧时刻对应机器人和目标的不同状态,具体为:(1)$t = 1.1$ s时,机器人开始运动;(2)$t = 1.5$ s时,目标开始被部分遮挡;(3)$t = 1.8$ s时,目标被完全遮挡;(4)$t = 3$ s时,目标部分离开遮挡区域;(5)$t = 3.4$ s时,目标完全离开遮挡区域;(6)$t = 4$ s时,机器人运动停止。

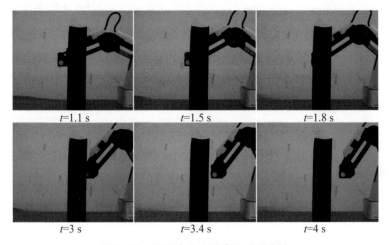

图 6.15　视频关键时刻截取的图像帧

采用交互多模型跟踪滤波算法实时计算目标图像位置,得到处理之后的视频,图6.16是对应图6.15中各时刻的视频图像帧。当视频图像中可以检测到目标特征时,使用红色矩形框标注目标实际观测位置;当视频图像中丢失目标特征时,用算法对目标位置进行预测,用绿色矩形框表示预测位置。从实验结果中可以看出,交互多模型算法可以用于视觉导引控制中目标物体的位姿估计,并且可以通过算法预测,在一定程度上克服由于遮挡造成的目标丢失问题。

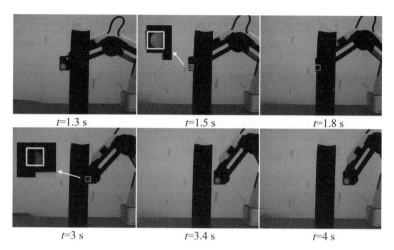

图 6.16　跟踪滤波算法处理后的视频图像帧(参见彩图附图 3)

参考文献

[1] 金学波. Kalman 滤波器理论与应用——基于 MATLAB 实现[M]. 北京:科学出版社,2016.

[2] Li X R, Jilkov V P. Survey of maneuvering target tracking. Part I. Dynamic models [J]. IEEE Transactions on aerospace and electronic systems, 2003,39(4):1333 - 1365.

[3] Singer R A. Estimating optimal tracking filter performance for manned maneuvering targets [J]. IEEE Transactions on Aerospace and Electronic Systems, 1970,(4):473 - 483.

[4] 周宏仁,敬忠良,王培德. 机动目标跟踪[M]. 北京:国防工业出版社,1991.

[5] Kalman R E. A New Approach To Linear Filtering and Prediction Problems [J]. Journal of Basic Engineering, 1960,82D:35 - 45.

[6] 赵琳. 非线性系统滤波理论[M]. 北京:国防工业出版社,2012.

[7] Magill D. Optimal adaptive estimation of sampled stochastic processes [J]. IEEE Transactions on Automatic Control, 1965,10(4):434 - 439.

[8] Bar-Shalom Y, Chang K C, Blom H A P. Tracking a maneuvering target using input estimation versus the interacting multiple model algorithm [J]. IEEE Transactions on Aerospace and Electronic Systems, 1989,25(2):296 - 300.

[9] 赵祖生. 变视轴动态视觉跟踪技术研究[D]. 上海:同济大学,2021.

第 7 章

多传感器融合视觉导引技术

近年来,采用视觉、结构光、激光雷达等多传感器融合形式构建感知系统,成为提升机器人视觉导引稳健性和适应性的重要方向。本章首先建立了主辅相机协同监测的机器人视觉导引模型,阐述了主辅相机标定及手眼系统标定方法,制定了基于主辅相机成像的目标定位与导引策略;其次建立了基于结构光视觉检测定位的机器人视觉导引模型,阐述了结构光视觉手眼标定方法,实现了基于结构光视觉的点云获取与目标位姿绝对定向;最后建立了融合激光雷达与视觉信息的机器人导引模型,阐述了相机与激光雷达的联合标定方法,并在此基础上实现了点云提取与去噪、跨模态信息融合及三维点云稠密重建。

7.1 主辅相机协同的机器人导引方法

7.1.1 主辅相机机器人导引模型

如图 7.1 所示,主辅相机机器人导引系统包括机器人、辅相机和主相机。辅相机安装于机器人的末端,具有高分辨、小视场的特点,主相机安装于机器人作业场景中,具有低分辨、大视场的特点,可同时捕获目标和机器人末端图像。

7.1.2 主辅相机标定

主辅相机相对位置固定后,辅相机获取主相机中某一清晰目标图像时,需要首先建立主相机像素坐标和辅相机像素坐标之间的映射关系,其中主要有两类方法可以求取该关系:几何映射法和数据拟合法。

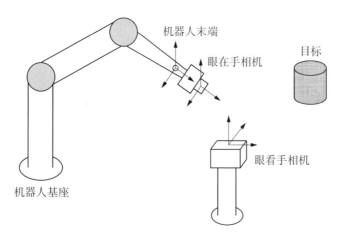

图 7.1　主辅相机机器人导引模型

7.1.2.1　基于几何映射的主辅相机标定方法

在机器人某一初始姿态下,采用几何映射的标定方法对主辅相机标定时,首先需要对单相机进行标定,分别获得主辅相机内参和外参矩阵,以及相机成像模型参数,然后确定主辅相机之间的相对位置关系[1]。几何映射标定法作为一种较为常见的主辅相机标定方法,一般观察区域离地面距离较小可近似为平面,因此线性变换(单应性)足以将主视图中的地面点映射到第二个摄像机视图中的点[2]。

图 7.2 为主辅相机标定原理示意图,选取目标平面 π 上的一系列点 x_π,在主相机中图像坐标为 (u_m, v_m),则目标平面 π 到第一幅图像的透视变换为 $\begin{bmatrix} u_m \\ v_m \\ 1 \end{bmatrix} = \boldsymbol{H}_1 x_\pi$,在辅相机中图像坐标为 (u_s, v_s),则目标平面 π 到

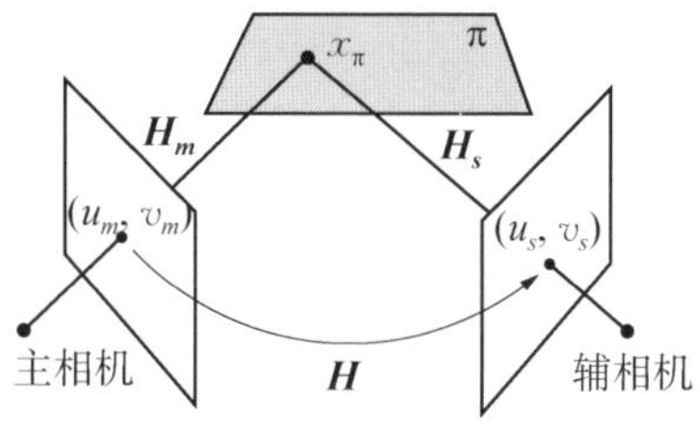

图 7.2　主辅相机标定原理示意图

第一幅图像的透视变换为 $\begin{bmatrix} u_s \\ v_s \\ 1 \end{bmatrix} = \boldsymbol{H}_2 x_\pi$,两相机图像坐标满足单应性关系[3]:

$$\begin{bmatrix} u_m \\ v_m \\ 1 \end{bmatrix} = \boldsymbol{H}_1 \boldsymbol{H}_2 \begin{bmatrix} u_s \\ v_s \\ 1 \end{bmatrix} = \begin{bmatrix} h_1 & h_2 & h_3 \\ h_4 & h_5 & h_6 \\ h_7 & h_8 & h_9 \end{bmatrix} \begin{bmatrix} u_s \\ v_s \\ 1 \end{bmatrix} \tag{7.1}$$

采集不少于 5 个特征点构建线性方程组,运用最小二乘法可解算主辅相机图像坐标的单应关系。由于机器人携带辅相机移动,在任意姿态下主辅相机图像坐标的单应关系可表示为

$$\begin{bmatrix} u_m \\ v_m \\ 1 \end{bmatrix} = \boldsymbol{T}_R (\boldsymbol{T}_R^i)^{-1} \boldsymbol{H}_1 \boldsymbol{H}_2 \begin{bmatrix} u_s \\ v_s \\ 1 \end{bmatrix} \tag{7.2}$$

式中,$\boldsymbol{T}_R$ 为机器人的初始位姿,$\boldsymbol{T}_R^i$ 为机器人在某一时刻的位姿。

为使兴趣区域出现在辅相机视场的中央,需要进一步调整辅相机视轴的俯仰角(p)和方位角(t),且需构建辅相机方位角和俯仰角与兴趣域中心的映射调整策略。首先,将辅相机的俯仰角和方位角设置在初始位置,通过公式(7.1)构建初始位置主辅相机图像坐标映射关系。随后,设置运动目标在辅相机视场内螺旋运动,辅相机在检测目标图像坐标,并设置一系列俯仰角和方位角调整命令将视轴指向目标,根据一系列俯仰角和方位角调整命令与目标图像坐标,可以构建二者映射变换关系:

$$\begin{bmatrix} p \\ t \end{bmatrix} = \boldsymbol{T} \begin{pmatrix} x_s - x_{sz} \\ y_s - y_{sz} \\ 1 \end{pmatrix} \tag{7.3}$$

式中,(p, t)为辅相机的俯仰角和方位角参数,(x_{sz}, y_{sz})为辅相机初始位置视场中心坐标,$\boldsymbol{T}$ 为映射矩阵。

7.1.2.2 基于数据拟合的主辅相机标定方法

与几何映射法相比,数据拟合法具有更强的灵活性,它主要通过获取多组主相机图像坐标和辅相机的方位角和俯仰角对应关系组合,通过多组主辅相机对应数据进行拟合,获得主相机图像像素坐标和辅相机的方位角和俯仰角的映射。由于该方法无需进行相机标定及坐标系变换,同时标定过程简单,因此该类方法是很多学者使用的方法,也是安防系统中主辅相机标定的主要方法。获取多组主相机图像坐标和辅相机的方位角和俯仰角对应关系方法较多,本节主要介绍常用的两种数据拟合方法[4]。

第一种方法:主相机画面中选取兴趣区域,辅相机以最高倍率转动到该目标处,保证目标在辅相机画面中央,记录目标在主相机中图像坐标和当前辅相机的俯仰角和方位角。主相机画面不同位置选取目标,重复上述操作,得到多组主相机像素坐标和对应辅相机的俯仰角和方位角,采用数据差分方法获得

主相机图像图像坐标和辅相机的俯仰角和方位角对应关系,完成主辅相机标定[6]。

第二种方法:将主相机画面分成若干份,调整辅相机视轴指向该区域,对主辅相机画面特征匹配,得到主相机图像坐标和辅相机的俯仰角和方位角对应值,将多组值进行数据拟合,进而得到主相机图像坐标和辅相机的俯仰角和方位角对应关系矩阵[7]。

以上两种方法均存在标定不够准确的问题。第一种方法操作简单,容易实现,但是因为要手动选取目标点,选取数量会影响标定精度。而且目标点选择过多会造成标定工作量和时长增加。第二种方法主相机和辅相机公共区域需进行特征匹配,在某些场景中难以提取特征点,易受场景限制。同时该方法也需要获得主相机图像坐标和辅相机方位角和俯仰角对应关系组,再进行拟合运算,仍然会出现第一种方法中的问题。

7.1.3　主辅相机成像目标定位与导引策略

图 7.3 为主辅相机机器人导引策略,大视场相机导引机器人快速接近目标,高分辨相机精准估计目标位姿从而精准导引机器人[8]。具体导引步骤如下:

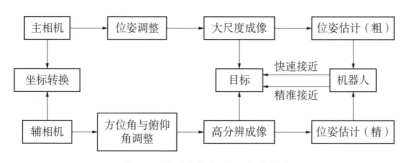

图 7.3　主辅相机机器人导引策略

(1)主相机位姿调整:调整主相机放置的位置及姿态,保证机器人及目标在相机视场范围内。

(2)主相机大尺度成像:主相机实时捕获目标及机器人图像,实现机器人运动过程的大范围成像。

(3)粗位姿估计:采用5.3中的单目位姿估计方法对目标进行位姿估计,由于主相机分辨率低对特征点提取精度低,仅能实现粗略的目标位姿估计。

（4）机器人快速导引：通过（3）的位姿估计参数，结合眼看手标定参数可导引机器人姿态变化，快速接近目标。

（5）主辅相机坐标转换：采用 7.1.2.1 中的几何映射主辅相机标定方法，构建主辅相机图像坐标映射关系，将主相机图像坐标转换到辅相机坐标系下。

（6）方位角与俯仰角调整：采用 7.1.2.1 中的几何映射主辅相机标定方法，构建俯仰角和方位角调整命令与目标图像坐标映射变换关系，调整辅相机的方位角与俯仰角，使目标处于辅相机视场中心。

（7）高分辨成像：辅相机为高分辨相机，可实现目标的高分辨实时成像。

（8）精位姿估计：通过（7）中采集的高分辨目标图像，精准提取目标图像坐标，采用 5.3 节中的单目位姿估计方法对目标进行精准位姿估计。

（9）机器人精准导引：通过（8）中的位姿估计参数，结合眼看手标定参数可导引机器人姿态变化，精准接近目标。

7.2 结构光视觉定位的机器人导引方法

7.2.1 基于结构光的视觉导引模型

基于结构光的视觉机器人导引方法是一种主动视觉测量方法，其原理基于双目视觉线—线交会测量，但将双相机中的一个替换为结构光投射器。利用将结构光条纹与图像像点匹配的方法代替特征匹配。图 7.4 为结构光视觉机器人导引模型，主要包括结构光扫描装置和机械臂，结构光扫描装置由相机

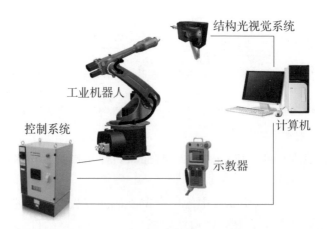

图 7.4　结构光视觉机器人导引模型

与结构光源以及振镜等辅助扫描装置构成。结构光源将激光投射至目标表面
形成主动特征,相机拍摄目标图像捕获特征点,获取目标在相机坐标系下的位
姿,结合机器人手眼关系进而扫描物体表面,获取点云并解算目标相对于机器
人的位姿,最终导引机器人移动至目标位置。

7.2.1.1　结构光传感器模型

结构光三维成像通过对相机拍摄到的激光条纹图像进行分析,测量出目
标在三维空间中的几何参数。结构光传感器的数学模型如图 7.5 所示。结构
光源激光器向像面投射激光条纹,并由相机采集。其中,O_c-$x_c y_c z_c$ 为相机坐
标系,OXY 为像面坐标系,ouv 为图像坐标系,O_w-$x_w y_w z_w$ 为激光器坐标系。
激光平面 π_s 上一点 P 在像面上的投影点为 P_a。

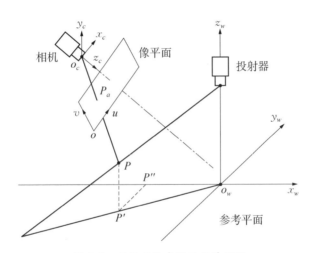

图 7.5　结构光传感器的数学模型

结构光源发射出的线激光与激光发射点构成一个三角平面,称之为光平
面。将其表示为

$$Ax_c + By_c + Cz_c + 1 = 0 \tag{7.4}$$

式中,A,B,C 为平面方程系数。

对于激光条纹上某一光点 P,其像面投影点 P_a,相机光心 o_c 和点 P 在同
一直线上,满足成像共线方程:

$$\frac{x_c - X_d}{x_c} = \frac{y_c - Y_d}{y_c} = \frac{z_c - f}{z_c} \tag{7.5}$$

式中，f 为相机焦距，(X_d, Y_d) 为 P_d 在像面坐标系下的坐标，和其在图像坐标系下的坐标（u_d, v_d）满足以下关系：

$$\begin{cases} X_d = (u_d - u_0)/N_x \\ Y_d = (v_d - v_0)/N_y \end{cases} \tag{7.6}$$

式中，(N_x, N_y) 分别为像平面 X 轴和 Y 轴方向单位距离的像素数，(u_0, v_0) 为主点坐标。

实际上成像系统存在镜头畸变现象，不可能严格满足中心透视投影关系，根据以下模型进行畸变校正，则理想投影点 P_a 在像面坐标系下的坐标为

$$\begin{cases} X = X_d(1 + k_1 r^2 + k_2 r^4) + 2p_1 X_d Y_d + p_2(r^2 + 2X_d^2) \\ Y = Y_d(1 + k_1 r^2 + k_2 r^4) + 2p_2 X_d Y_d + p_1(r^2 + 2X_d^2) \end{cases} \tag{7.7}$$

式中，k_1，k_2 分别为一阶、二阶径向畸变系数；p_1，p_2 为切向畸变系数。令 $X_N = X/f$，$Y_N = Y/f$，(X_N, Y_N) 即为 P 点的归一化图像坐标。

光点 P 的三维坐标既满足光平面方程，也满足成像共线方程，故可根据几何关系由公式(7.5)、(7.7)联立求解 P 点在相机坐标系下的坐标，即求解直线与平面的交点，表示为

$$\begin{cases} x_c = \dfrac{-X_n}{AX_n + BY_n + C} \\ y_c = \dfrac{-Y_n}{AX_n + BY_n + C} \\ z_c = \dfrac{-1}{AX_n + BY_n + C} \end{cases} \tag{7.8}$$

控制扫描装置使光条纹逐区覆盖目标表面，对兴趣区域内的每一个光点做如上处理，则可获得兴趣区域的三维点云数据。

7.2.1.2 结构光视觉手眼模型

将由相机和激光器组成的结构光测头安装在六自由度机器人的末端，可构成机器人视觉测量系统。按图 7.6 建立坐标系，其中 B 为机器人基坐标系，W 为世界坐标系，E 为机器人末端坐标系，C 为相机坐标系，T_6 表示由 B 到 E 的变换，T_x 表示 E 到 C 的变换。坐标系 W 与坐标系 B 重合[9]。

由 7.2.1.1 节中的分析，激光器投射出的光平面与被测物体相交形成光条，根据相机内参数及结构光内参数即可得到被测点 P 在相机坐标系 C 下的

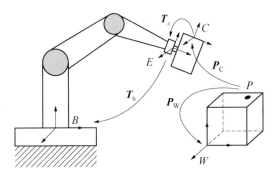

图 7.6　结构光视觉手眼模型

坐标 P_c。控制机器人运动到不同位姿,通过式(7.9)将被测点的坐标统一到世界坐标系即机器人基坐标系下,便可获得被测物体的三维数据。

$$P_b = T_6 T_x P_c \tag{7.9}$$

式中,P_b 为被测点在坐标系 B 下的坐标,T_6 可由机器人正向运动学得到。T_x 为待标定的手眼关系。用旋转矩阵和平移向量来表示坐标系间的转换关系,并采用非齐次坐标,式(7.9)可写成:

$$P_b = R_6 (R_x P_c + t_x) + t_6 \tag{7.10}$$

式中,R_x 和 t_x 分别为手眼关系 T_x 中的旋转矩阵和平移向量。R_6 和 t_6 分别为转换关系 T_6 的旋转矩阵和平移向量。

7.2.2　结构光视觉手眼标定

结构光视觉机器人手眼标定的目标是,求解光平面方程参数以及相机与机械手臂末端的关系,为后续求解目标相对于机械手的位姿,导引机械手移动至目标处做准备。结构光视觉机器人手眼标定的主要流程是将结构光视觉测量系统安装在机器人上,得到目标在相机坐标系下的位姿,同时,为了导引机械手臂的运动,对目标进行抓取等操作,将目标在相机坐标系下的位姿转换到机械臂的坐标系中。在结构光视觉机器人手眼标定过程中,首先采用传统手眼标定方式获得相机与机器人末端的手眼参数,随后利用激光器发射的光束在标定物上投射的光点或光条及其在相机中所成像,求解特征点的空间三维坐标,再由 3 个以上特征点的空间三维坐标标定出激光器发射的光束所在光平面的方程,如图 7.7 所示。

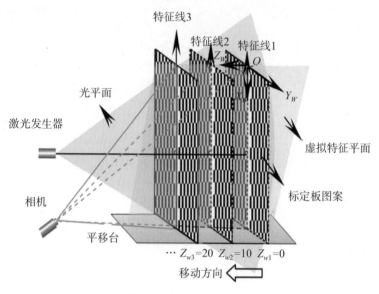

图 7.7 光平面标定示意图

设在相机坐标系下激光平面方程如式(7.4),将激光条纹上一点 P 在相机坐标系下的坐标表示为 $\boldsymbol{C}(x_c,\ y_c,\ z_c)$,将其扩展为 $\widetilde{\boldsymbol{C}}(x_c,\ y_c,\ z_c,\ 1)$,通过中心投影模型描述标定物平面与摄像机坐标系之间的关系,可表示为

$$\widetilde{\boldsymbol{C}}^{\mathrm{T}}=\boldsymbol{T}_1\widetilde{\boldsymbol{W}}^{\mathrm{T}} \tag{7.11}$$

式中,$\boldsymbol{T}_1$ 为世界坐标系在相机坐标系下的位姿,即相机外参数;$\boldsymbol{W}(x_w,\ y_w,\ z_w)$ 为点 P 在世界坐标系下的坐标,扩展为 $\widetilde{\boldsymbol{W}}(x_w,\ y_w,\ z_w,\ 1)$。

将点 P 在基坐标系下的坐标 $\boldsymbol{R}(x_r,\ y_r,\ z_r)$ 扩展为 $\widetilde{\boldsymbol{R}}(x_r,\ y_r,\ z_r,\ 1)$,其在相机坐标系的坐标和在基坐标系的坐标满足如下转换关系:

$$\widetilde{\boldsymbol{R}}^{\mathrm{T}}=\boldsymbol{T}_6\boldsymbol{T}_m\widetilde{\boldsymbol{C}}^{\mathrm{T}} \tag{7.12}$$

式中,$\boldsymbol{T}_6$ 为机器人末端在基坐标系下的位姿;$\boldsymbol{T}_m$ 为相机坐标系在机器人末端坐标系下的位姿,即相机外参数。

由结构光投影成像的图像坐标,利用公式(7.11)和(7.12),结合相机内外参数和手眼参数,可以计算出其在基坐标系下的三维坐标。当激光束照射到标定物平面上时,激光条纹上的点满足平面方程:

$$a_t x_r+b_t y_r+c_t z_r+1=0 \tag{7.13}$$

式中，a_t、b_t、c_t 为要求解的光平面目标方程参数。

令 $\boldsymbol{T}=(a_t，b_t，c_t)$ 和 $\widetilde{\boldsymbol{T}}=(a_t，b_t，c_t，1)$，则光平面方程可表示为 $\widetilde{\boldsymbol{R}}\widetilde{\boldsymbol{T}}^{\mathrm{T}}=0$。再将 $\widetilde{\boldsymbol{R}}^{\mathrm{T}}=\boldsymbol{T}_6\boldsymbol{T}_m\widetilde{\boldsymbol{C}}^{\mathrm{T}}$ 和 $\widetilde{\boldsymbol{C}}^{\mathrm{T}}=\boldsymbol{T}_1\widetilde{\boldsymbol{W}}^{\mathrm{T}}$ 代入得：

$$\widetilde{\boldsymbol{W}}\boldsymbol{T}_1^{\mathrm{T}}\boldsymbol{T}_m^{\mathrm{T}}\boldsymbol{T}_6^{\mathrm{T}}\widetilde{\boldsymbol{T}}^{\mathrm{T}}=0 \tag{7.14}$$

若从光条纹上取 n 个点分析，并令 $\boldsymbol{A}=\widetilde{\boldsymbol{W}}\boldsymbol{T}_1^{\mathrm{T}}\boldsymbol{T}_m^{\mathrm{T}}\boldsymbol{T}_6^{\mathrm{T}}$，则 $\boldsymbol{A}$ 为 $n\times4$ 的矩阵。当 $n\geqslant 3$ 时，可求得 $\widetilde{\boldsymbol{T}}$ 的最小二乘解，即得所求参数。

图 7.8 给出了多线结构光视觉系统标定所需的光条图像的示例。标定时，自由移动标定板的位置，利用激光投影在标定板上形成光条纹图像，通过分析处理提取光条纹中心，再进行坐标转换得到光平面的拟合位姿，如图 7.9 所示。

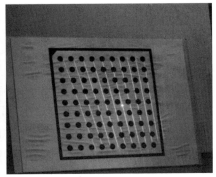

图 7.8 多线结构光标定光条纹图像

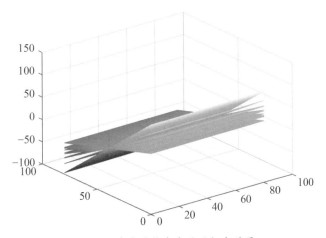

图 7.9 多线结构光光平面标定结果

7.2.3 基于结构光视觉的目标定位

基于结构光的视觉机器人导引策略主要包括系统标定、目标点云提取和目标位姿估计。即通过结构光视觉手眼标定获取系统参数后，提取目标点云信息，根据点云分布和目标边缘等信息选取感兴趣数据，从中反演目标相对机器人位姿信息，依据相对位姿信息引导机器人靠近目标。

7.2.3.1 基于结构光视觉的点云获取

结构光视觉利用相机采集的目标特征点图像，计算激光条纹上特征点三维坐标。通过 7.2.2 节已获得相机内参数及激光平面方程参数。可确定机械臂坐标系下结构光平面方程表示为

$$Ax + By + Cz + 1 = 0 \tag{7.15}$$

式中，A、B、C 为结构光平面参数。

由于特征点取自结构光，所以特征点必然在激光平面上，同时还在相机的光心与成像平面上的成像点所成的一条空间直线上。利用该直线的方程与结构光平面方程，即可求解出特征点在相机坐标系下三维坐标。假设相机光心 O、空间点 P 以及空间点 P 的像点构成的直线在机械臂坐标系下表示为

$$\begin{cases} x = X_N t_1 \\ y = Y_N t_1 \\ z = t_1 \end{cases} \tag{7.16}$$

将上述两式联立，可解算特征点坐标：

$$\begin{cases} x_c = \dfrac{-X_n}{AX_n + BY_n + C} \\ y_c = \dfrac{-Y_n}{AX_n + BY_n + C} \\ z_c = \dfrac{-1}{AX_n + BY_n + C} \end{cases} \tag{7.17}$$

结构光视觉求取的是直线与平面的交点，并且只需要处理一幅图像，图像上的特征点提取也比较容易，因此，与双目视觉相比，结构光视觉的测量精度与测量实时性明显提高。但结构光视觉也具有局限性，即只能对激光条纹上的点进行三维位置测量。

7.2.3.2　绝对定向位姿估计

使用前述方法采集物体表面点云数据,得出其在机械臂坐标系下的定位特征点三维坐标后,还需与物体的实际定位特征点三维信息对比配准,求解出物体相对于机器人末端的位姿转换关系,完成对机械手的运动导引。绝对定向是一种常用的配准方法,是指在已知一组点分别在两个坐标系下的坐标值的情况下,求解这两个坐标系的转换关系。

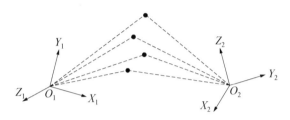

图 7.10　绝对定向描述

如图 7.10 所示,已知给定 n 点在两个坐标系的坐标分别为 $\{p_i, i=1, 2, 3, \cdots, n\}$ 和 $\{p'_i, i=1, 2, 3, \cdots, n\}$,则绝对定向问题可以转化为约束最优化问题:

$$\begin{cases} \min\limits_{R, t} \sum\limits_{i=1}^{n} \| p_i - (Rp_i + t) \|^2 \\ s.t. \ R \in SO(3) \end{cases} \tag{7.18}$$

针对上式问题,研究学者已给出多种闭式解法,其中基于奇异值分解的解法最为经典。首先分别对这些点在两个坐标系中的坐标进行中心化:

$$\begin{cases} p = p_i - \bar{p} \\ p' = p'_i - \bar{p}' \end{cases} \tag{7.19}$$

式中,$\bar{p} = \dfrac{1}{n} \sum\limits_{i=1}^{n} p_i$,$\bar{p}' = \dfrac{1}{n} \sum\limits_{i=1}^{n} p'_i$。

完成中心化后,设 $A = [P_1, P_2, \cdots, P_n]$,$B = [P'_1, P'_2, \cdots, P'_n]$,则上述问题变为

$$\begin{cases} \min\limits_{R, t} \sum\limits_{i=1}^{n} \| A - RB \|^2 \\ s.t. \ R \in SO(3) \end{cases} \tag{7.20}$$

再利用 $\|C\|_F^2 = \mathrm{tr}(C^T C)$，$\mathrm{tr}(CD) = \mathrm{tr}(DC)$，得到：

$$\|A - RB\|_F^2 = \mathrm{tr}(A^T A) + \mathrm{tr}(B^T B) - 2\mathrm{tr}(R^T AB) \tag{7.21}$$

对 AB^T 进行奇异值分解，记为 $AB^T = UDV^T$，其中 $D = diag(\sigma_1, \cdots, \sigma_n)$，得到旋转矩阵的最优解：

$$\hat{R} = UV^T \tag{7.22}$$

在此基础上，平移量最优解可由下式解算：

$$\hat{t} = \bar{p}' - \hat{R}\bar{p} \tag{7.23}$$

7.3 多传感器信息融合的机器人导引方法

7.3.1 激光雷达与视觉融合的机器人导引模型

如图 7.11 所示，激光雷达与视觉信息融合的机器人导引模型包括激光雷达、相机和机器人。激光雷达与相机安装于机器人末端，通过相机与雷达的融合数据导引机械机器人靠近目标作业。激光雷达与视觉信息融合可避免深度信息漂移，提升深度信息精度，实现稠密三维信息重建。

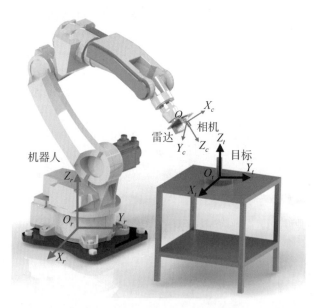

图 7.11　激光雷达与视觉信息融合的机器人导引模型

为了描述激光雷达和视觉组合的数学模型,引入图 7.12 所示 4 个坐标系:
基准坐标系 W,激光雷达坐标系 L,相机坐标系 C 和图像坐标系 o-uv。其中
基准坐标系是实际问题中定义的三维世界坐标系,可以描述每一个物体在三
维世界中的相对位置。激光雷达坐标系与基准坐标系之间存在一定的俯仰、
倾侧和偏转角度关系。

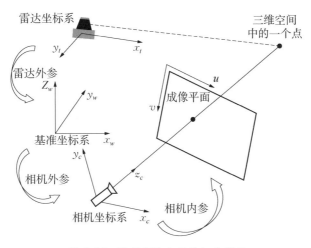

图 7.12　激光雷达与视觉组合模型

在机器人导引过程中,为了更方便地处理数据,需要将所有的传感器数据
变换到基准坐标系下[21]。通过下式可实现二维激光雷达数据到基准坐标的
转化:

$$\begin{bmatrix} x_{WL} \\ y_{WL} \\ z_{WL} \end{bmatrix} = \boldsymbol{R}_{CL} \times \begin{bmatrix} \rho_i \cos(b_0 + \phi_i) \\ \rho_i \sin(b_0 + \phi_i) \\ 0 \end{bmatrix} + \boldsymbol{T}_{CL} \tag{7.24}$$

式中,ρ_i 为激光雷达扫描距离,i 为激光雷达数据序列号,b_0 为初始角度,ϕ_i 为
激光雷达采样步距,$\boldsymbol{R}_{CL}$ 为雷达相对基准坐标系的旋转矩阵,$\boldsymbol{T}_{CL}$ 为雷达相对
基准坐标系的平移向量。

相机坐标系与基准坐标系之间也存在一定的角度和位置差异,相机采集
的数据需要转换到基准坐标系下才能用于机器人导引。相机坐标系和基准坐
标系之间转换关系如下:

$$
\begin{cases}
\begin{bmatrix} x_{WL} \\ y_{WL} \\ z_{WL} \end{bmatrix} = \boldsymbol{R}_{CW} \times \begin{bmatrix} x_c \\ y_c \\ z_c \end{bmatrix} + \boldsymbol{T}_{CW} \\[20pt]
\begin{bmatrix} u \\ v \\ 1 \end{bmatrix} = \begin{bmatrix} f_x & 0 & u_0 \\ 0 & f_y & v_0 \\ 0 & 0 & 1 \end{bmatrix} \begin{bmatrix} \dfrac{x_c}{z_c} \\[8pt] \dfrac{y_c}{z_c} \\[8pt] 1 \end{bmatrix}
\end{cases}
\tag{7.25}
$$

式中，(u, v) 为相机图像坐标，(u_0, v_0) 为相机主点，$\boldsymbol{R}_{CW}$ 为相机相对基准坐标系的旋转矩阵，$\boldsymbol{T}_{CW}$ 为相机相对基准坐标系的平移向量。

7.3.2 激光雷达与视觉融合的手眼系统标定

7.3.2.1 激光雷达与相机联合标定

图 7.13 为相机与激光雷达的组合模型，z 向分量即为空间点 P 到激光测距雷达的深度。将得到的深度矩阵归一化后即可生成深度图[24]。当摄像机与激光测距雷达同时观测 P 点时，其在摄像机坐标系下的坐标为

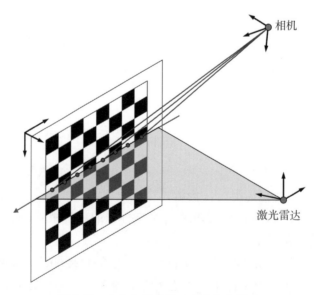

图 7.13 相机与激光雷达联合标定模型

$$\boldsymbol{X}_{\text{camera}} = \begin{bmatrix} x_{\text{camera}} \\ y_{\text{camera}} \\ z_{\text{camera}} \end{bmatrix} \tag{7.26}$$

坐标齐次化,得:

$$\bar{\boldsymbol{X}}_{\text{camera}} = \begin{bmatrix} x_{\text{camera}}/z_{\text{camera}} \\ y_{\text{camera}}/z_{\text{camera}} \\ 1 \end{bmatrix} \tag{7.27}$$

而 P 点在激光测距雷达坐标系下的三维坐标为

$$\boldsymbol{X}_{\text{LMS}} = \begin{bmatrix} x_{\text{LMS}} \\ y_{\text{LMS}} \\ z_{\text{LMS}} \end{bmatrix} \tag{7.28}$$

在可见光图像中投影点的齐次坐标为

$$\boldsymbol{U} = \begin{bmatrix} u \\ v \\ 1 \end{bmatrix}^{\text{T}} \tag{7.29}$$

设 $\boldsymbol{R}$,$\boldsymbol{t}$ 分别为相机坐标系到激光测距雷达坐标系的旋转、平移矩阵,其中 $\boldsymbol{t}$ 为不带尺度的齐次坐标向量。则向量 $\boldsymbol{X}_{\text{LMS}}$ 在相机坐标系下可以表达为 $\boldsymbol{X}'_{\text{camera}} = \boldsymbol{R}^{-1} x_{\text{LMS}}$。 向量 $\boldsymbol{X}_{\text{camera}}$, $\boldsymbol{X}'_{\text{camera}}$, $\boldsymbol{t}$ 共面,因此,在相机坐标系下,共面性方程可以表达为

$$\bar{\boldsymbol{X}}_{\text{camera}}(\boldsymbol{t} \times \boldsymbol{X}'_{\text{camera}}) = 0 \tag{7.30}$$

将 $\boldsymbol{X}'_{\text{camera}} = \boldsymbol{R}^{-1} x_{\text{LMS}}$ 代入上式公式,得到:

$$\bar{\boldsymbol{X}}_{\text{camera}}(\boldsymbol{t} \times \boldsymbol{R}^{-1} \boldsymbol{X}_{\text{camera}}) = 0 \tag{7.31}$$

对于已经标定的相机,根据公式(7.1)可知,$\tilde{\boldsymbol{X}}_{\text{camera}} = \boldsymbol{K}^{-1} \boldsymbol{U}$,则:

$$(\boldsymbol{K}^{-1}\boldsymbol{U})^{T}(\boldsymbol{t} \times \boldsymbol{R}^{-1} \boldsymbol{X}'_{\text{camera}}) = 0 \tag{7.32}$$

建立反对称矩阵:

$$\boldsymbol{S}(t) = \begin{bmatrix} 0 & -t_z & t_y \\ t_z & 0 & -t_x \\ -t_y & t_x & 0 \end{bmatrix} \tag{7.33}$$

易知，$t \times \boldsymbol{R}^{-1} = \boldsymbol{S}(t)\boldsymbol{R}^{-1}$，因此有：

$$(\boldsymbol{K}^{-1}\boldsymbol{U})^{\mathrm{T}}(\boldsymbol{S}(t)\boldsymbol{R}^{-1}\boldsymbol{X}_{\mathrm{LMS}}) = 0 \tag{7.34}$$

化简后得：

$$\boldsymbol{U}^{\mathrm{T}}\boldsymbol{K}^{-1}\boldsymbol{S}(t)\boldsymbol{R}^{-1}\boldsymbol{X}_{\mathrm{LMS}} = 0 \tag{7.35}$$

令 $F = \boldsymbol{K}^{-1}\boldsymbol{S}(t)\boldsymbol{R}^{-1}$，则有：

$$\boldsymbol{U}^{\mathrm{T}}\boldsymbol{F}\boldsymbol{X}_{\mathrm{LMS}} = 0 \tag{7.36}$$

公式(7.36)说明可见光图像与激光深度图像对应点的关系，其中 F 称为基本矩阵。设 $\boldsymbol{E} = \boldsymbol{R}\boldsymbol{S}(t)$，则 $\boldsymbol{E} = -(\boldsymbol{K}\boldsymbol{F})^{\mathrm{T}}$，称 $\boldsymbol{E}$ 为本质矩阵。$\boldsymbol{E}$ 包含了两视图之间的旋矩阵 $\boldsymbol{R}$ 和平移矩阵 t 的关系。由于 3×3 的基本矩阵 $\boldsymbol{F}$ 在相差一个尺度量的意义下是确定的，因此 $\boldsymbol{F}$ 只有 8 个未知量，至少需要 8 个图像对应点对求解。为了剔除求解过程中的误差，对应点需要大于 8 个。在可见光与激光深度图中提取对应点：$\boldsymbol{U}_i = [u_i, v_i, 1]^{\mathrm{T}}$，$\boldsymbol{X}_{\mathrm{LMS}} = [x_{\mathrm{LMS}}, y_{\mathrm{LMS}}, z_{\mathrm{LMS}}]^{\mathrm{T}}$，其中 $i = 1, 2, \cdots, n$。代入(7.36)可得：

$$[u_i, v_i, 1] \boldsymbol{F} \begin{bmatrix} x_{\mathrm{LMS}i} \\ y_{\mathrm{LMS}i} \\ z_{\mathrm{LMS}i} \end{bmatrix} = 0 \tag{7.37}$$

将基本矩阵的元素改写为列向量形式，得 $\boldsymbol{f}' = [f'_{11} \quad f'_{12} \cdots f'_{33}]^{\mathrm{T}}$，则公式(7.37)可以化简为一个线性方程组：

$$\begin{bmatrix} u_1 x_{\mathrm{LMS}1} & u_1 y_{\mathrm{LMS}1} & u_1 z_{\mathrm{LMS}1} & v_1 x_{\mathrm{LMS}1} & v_1 y_{\mathrm{LMS}1} & v_1 z_{\mathrm{LMS}1} & x_{\mathrm{LMS}1} & y_{\mathrm{LMS}1} & z_{\mathrm{LMS}1} \\ u_2 x_{\mathrm{LMS}2} & u_2 y_{\mathrm{LMS}2} & u_2 z_{\mathrm{LMS}2} & v_2 x_{\mathrm{LMS}2} & v_2 y_{\mathrm{LMS}2} & v_2 z_{\mathrm{LMS}2} & x_{\mathrm{LMS}2} & y_{\mathrm{LMS}2} & z_{\mathrm{LMS}2} \\ & & & & \cdots & & & & \\ u_n x_{\mathrm{LMS}n} & u_n y_{\mathrm{LMS}n} & u_n z_{\mathrm{LMS}n} & v_n x_{\mathrm{LMS}n} & v_n y_{\mathrm{LMS}n} & v_n z_{\mathrm{LMS}n} & x_{\mathrm{LMS}n} & y_{\mathrm{LMS}n} & z_{\mathrm{LMS}n} \end{bmatrix} \begin{bmatrix} f'_{11} \\ f'_{12} \\ \vdots \\ f'_{33} \end{bmatrix} = 0$$

将左侧的矩阵记为 $\boldsymbol{A}$，可以得到：

$$\boldsymbol{A}\boldsymbol{f}' = 0 \tag{7.38}$$

利用最小二乘法求解公式(7.32)的超定方程组，即可得到基本矩阵 $\boldsymbol{F}$，再利用 $\boldsymbol{E} = -(\boldsymbol{K}\boldsymbol{F})^{\mathrm{T}}$ 求解得到本质矩阵 $\boldsymbol{E}$。然后可以通过奇异值分解求解旋转矩阵 $\boldsymbol{R}$ 和平移矩阵 t。

对本质矩阵进行奇异值分解 $\boldsymbol{E} = \boldsymbol{U}\boldsymbol{D}\boldsymbol{V}^{\mathrm{T}}$。设矩阵：

$$G = \begin{bmatrix} 0 & 1 & 0 \\ -1 & 0 & 0 \\ 0 & 0 & 1 \end{bmatrix}, \ Z = \begin{bmatrix} 0 & -1 & 0 \\ 1 & 0 & 0 \\ 0 & 0 & 0 \end{bmatrix} \tag{7.39}$$

则旋转矩阵可以由下式计算：

$$R = UGV^{\mathrm{T}} \tag{7.40}$$

而平移矩阵 t 可以从 $S(t)$ 中得到,矩阵 $S(t)$ 可以由下式计算：

$$S(t) = VZV^{\mathrm{T}} \tag{7.41}$$

由于平移矩阵 t 为不带尺度的齐次向量,设绝对的平移矩阵为 $T = at$。激光测距雷达坐标系下的点 $\mathrm{P}(x_{\mathrm{LMS}}, y_{\mathrm{LMS}}, z_{\mathrm{LMS}})$ 经旋转、平移变换后,在相机坐标系下的坐标为

$$\begin{bmatrix} x_{\mathrm{camera}} \\ y_{\mathrm{camera}} \\ z_{\mathrm{camera}} \end{bmatrix} = R^{-1} \begin{bmatrix} x_{\mathrm{LMS}} \\ y_{\mathrm{LMS}} \\ z_{\mathrm{LMS}} \end{bmatrix} - at \tag{7.42}$$

点 P 在可见光图像中像素点的齐次坐标为

$$U = \begin{bmatrix} u \\ v \\ 1 \end{bmatrix} \tag{7.43}$$

经反投影变换得相机坐标系下的齐次坐标为

$$\begin{bmatrix} x'_{\mathrm{camera}} \\ y'_{\mathrm{camera}} \\ 1 \end{bmatrix} = K^{-1}U \tag{7.44}$$

对于每一个对应点,下式成立：

$$\begin{bmatrix} x'_{\mathrm{camera}} \\ y'_{\mathrm{camera}} \\ 1 \end{bmatrix} = \begin{bmatrix} x_{\mathrm{camera}}/z_{\mathrm{camera}} \\ y_{\mathrm{camera}}/z_{\mathrm{camera}} \\ 1 \end{bmatrix} \tag{7.45}$$

通过上述公式可以求得尺度参数 a,并最终得到绝对的平移矩阵 T。

7.3.2.2　手眼系统标定

单目相机可通过第 4.3 节中的手眼标定方法,获取相机内参数及相对机器

人的外参数,本节不再赘述。单目相机与激光雷达经过上述的联合标定后,需要进一步联合机器人标定才能实现机器人系统的导引操作。相机与雷达都有关于全局坐标系的转换算法,因此可以通过全局坐标系的关系推导出相机与雷达的相对关系,即能够把雷达识别的目的物体点投影至图片的像素点平面。通过上节的计算可以得到雷达与相机传感器的相对距离如式(7.46)所示:

$$T_0 = T_r - T_c \tag{7.46}$$

激光雷达坐标系、相机像素坐标系与机器手的坐标系变化公式,见式(7.47):

$$\begin{cases} z_c \begin{bmatrix} u \\ v \\ 1 \end{bmatrix} = \begin{bmatrix} \dfrac{1}{dx} & 0 & u_0 \\ 0 & \dfrac{1}{dy} & v_0 \\ 0 & 0 & 0 \end{bmatrix} \begin{bmatrix} f & 0 & 0 & 0 \\ 0 & f & 0 & 0 \\ 0 & 0 & 1 & 0 \end{bmatrix} \begin{bmatrix} \boldsymbol{R} & \boldsymbol{T}_0 \\ \boldsymbol{0}^T & 1 \end{bmatrix} \begin{bmatrix} x_{\mathrm{LMS}} \\ y_{\mathrm{LMS}} \\ z_{\mathrm{LMS}} \\ 1 \end{bmatrix} \\[4mm] \begin{bmatrix} x_R \\ y_R \\ z_R \\ 1 \end{bmatrix} = \boldsymbol{T}_{RC} \boldsymbol{T}_{CL} \begin{bmatrix} x_{\mathrm{LMS}} \\ y_{\mathrm{LMS}} \\ z_{\mathrm{LMS}} \\ 1 \end{bmatrix} \end{cases} \tag{7.47}$$

式中,$(x_{\mathrm{LMS}}, y_{\mathrm{LMS}}, z_{\mathrm{LMS}})$为雷达坐标系坐标,$(x_R, y_R, z_z)$为机器人坐标系坐标,$(u, v)$为相机图像坐标,$\boldsymbol{T}_{CL}$为雷达相对相机的坐标转换关系,$\boldsymbol{T}_{RC}$为手眼关系。综上,可以将二维图像坐标系里面各个点与机械手坐标系进行转换,然后再由公式(7.45)即可得到相机、激光雷达和机械手之间坐标系内在转换联系,从而实现相机、激光雷达和机器人系统的整体标定。

7.3.3　激光雷达与视觉信息融合的目标定位

7.3.3.1　激光雷达信息提取与去噪

　　根据7.3.1.1激光雷达数学模型,通过公式(7.24)可实时提取目标的三维点云信息。但激光雷达扫描受到环境干扰时,容易产生目标物体定位的不确定性,且当激光雷达发生丢帧情况时容易导致目标定位丢失,从而导致机械手做出误判断操作。最终导致整个系统的准确性降低,不能及时做出识别和抓取动作。为了能够有效地避免雷达扫描受环境干扰和激光雷达丢帧导致定位错误的问题,本文提出将卡尔曼滤波算法应用在激光雷达检测系统中。

　　卡尔曼滤波最初由离散的时间形式出现的,后期由数学家布西得到连续时刻的卡尔曼滤波算法[26]。卡尔曼滤波算法推算过程如下。

在 $k-1$ 时刻对 k 时刻的预测式(7.48)为

$$\hat{x}_{k/k-1} = \phi_{k,k-1}\hat{x}_{k-1/k-1} \tag{7.48}$$

当新的观测 z_k 到来后,有如式(7.47)所示:

$$\hat{x}_{k/k} = \phi_{k,k-1}\hat{x}_{k-1/k-1} + K_k[z_k - H_k\phi_{k,k-1}\hat{x}_{k-1/k-1}] \tag{7.49}$$

式(7.49)中,K_k 是滤波增益,可由最小均方差原则推导,如式(7.50)所示:

$$K_k = P_{k,k-1}H_k^{\mathrm{T}}(H_k P_{k,k-1}H_k^{\mathrm{T}} + R_k)^{-1} \tag{7.50}$$

式(7.50)中,$P_{k,k-1}$ 表示预测偏差的方差矩阵,计算式为(7.51)所示:

$$P_{k/k-1} = E[(x_k - \hat{x}_{k/k-1})(x_k - \hat{x}_{k/k-1})^{\mathrm{T}}] = \phi_{k,k-1}P_{k-1,k-1}\phi_{k,k-1}^{\mathrm{T}} + Q_{k-1} \tag{7.51}$$

从式(7.46)到式(7.49)为卡尔曼滤波算法的递推过程。

7.3.3.2　激光雷达与视觉信息融合

在融合前,需要保证融合中心处理的数据是来源同一时刻。图像数据采样及处理周期比激光雷达数据采样及处理周期长,因此以图像的采样周期为基准。通过三次样条插值拟合数据的方式来实现激光雷达数据信息与相机图像信息时间上的配准,就是将采样时间与采样数据点拟合成一条光滑曲线,通过曲线方程获得任意配准时刻的数据[27]。

首先,划分传感器采样时间以及记录传感器的采样数据。若传感器在时间段 $[a,b]$ 内测量了 $n+1$ 次的数据,即对该传感器采样时间段 $[a,b]$ 划分成 $n+1$ 个采样时刻 $a=t_0<t_1<t_2<\cdots t_n=b$,并按照采样时刻的不同确定出每个时刻对应的数据为 $f(t_1)=y_i(i=0,1,\cdots,n)$。然后,构造三次样条插值函数 $s(x)$。该函数的自变量与因变量对应于传感器的采样时刻以及相对应的采样数据,同时该函数必须为一个三次多项式,并满足二阶连续可导。记 $m_i=s'(t_i)$,同时在采样时间区间 $[t_i,t_{i+1}]$ 上,记 $h_i=t_{i+1}+t_i$,则利用 Hermite 插值获得的 $s(t)$ 公式为

$$s(t) = \left(1+2\frac{t-t_i}{h_i}\right)\left(\frac{t_{i+1}-t}{h_i}\right)^2 y_i + \left(1+2\frac{t_{i+1}-t}{h_i}\right)\left(\frac{t-t_{i+1}}{h_i}\right)^2 y_{i+1}$$

$$+ (t-t_i)\left(\frac{t_{i+1}-t}{h_i}\right)^2 m_i + (t-t_{i+1})\left(\frac{t-t_i}{h_i}\right)^2 m_{i+1}$$

$$\tag{7.52}$$

由于三次样条插值函数满足二阶连续可导,可得 $s''(t_i^-) = s''(t_i^+)$,再加上该函数的边界条件 $s''(t_0) = s''(t_n) = 0$,可得方程组为

$$
\begin{cases}
2m_0 + \alpha_0 m_1 = \beta_0 \\
(1-\alpha_i)m_{i-1} + 2m_i + \alpha_i m_{i+1} = \beta_i \\
(1-\alpha_n)m_{n-1} + 2m_n = \beta_n
\end{cases}
\tag{7.53}
$$

式中,$\alpha_0 = 1$,$\alpha_i = \dfrac{h_{i-1}}{h_{i-1} - h_i}$,$\alpha_n = 0$,$\beta_0 = \dfrac{3}{h_0}(y_1 - y_0)$,$\beta_n = \dfrac{3}{h_{n-1}}(y_n - y_{n-1})$ $\beta_i = 3\left(\dfrac{1-\alpha_i}{h_{i-1}}(y_i - y_{i-1}) + \dfrac{\alpha_i}{h_i}(y_{i+1} - y_i)\right)$。

最后对三次样条插值函数进行参数求解。上述方程组展开后为

$$
\begin{cases}
2m_0 + \alpha_0 m_1 = \beta_0 \\
(1-\alpha_1)m_0 + 2m_1 + \alpha_1 m_2 = \beta_1 \\
(1-\alpha_2)m_1 + 2m_2 + \alpha_1 m_3 = \beta_2 \\
\quad\quad\quad\vdots \\
(1-\alpha_{n-1})m_{n-2} + 2m_{n-1} + \alpha_{n-1} m_n = \beta_{n-1} \\
(1-\alpha_n)m_{n-1} + 2m_n = \beta_n
\end{cases}
\tag{7.54}
$$

由于方程组(7.54)的系数矩阵是三角矩阵并且行列式的值非零,因此该方程组有唯一解。利用递推方法求解方程组参数,递推公式为

$$
m_i = a_i m_{i+1} + b_i (i = n, n-1, \cdots, 0)
\tag{7.55}
$$

式中,$a_i = \dfrac{-\alpha_i}{2 + (1-\alpha_i)\alpha_{i-1}}$,$b_i = \dfrac{\beta_i - (1-\alpha_i)b_{i-1}}{2 + (1-\alpha_i)\alpha_{i-1}}$,$a_0 = \dfrac{-\alpha_0}{2}$,$b_0 = \dfrac{\beta_0}{2}(i=1, 2, \cdots, n)$。

采用上述公式得到 a_i,b_i,并使得 $m_{i+1} = 0$ 计算出 m_n,m_{n-1},$\cdots$,m_0。t_i,y_i 为已知条件,同时将 t_i,y_i,m_i 代入公式(7.50),即为三次样条插值函数。在对激光雷达数据信息与相机图像信息进行时间上的配准时,三次样条函数插值法对数据点的拟合效果较好,因此能解决双传感器信息融合时时间不同步的问题。

仅凭借单帧的激光雷达信息数据,可以粗略的探知环境中的目标信息(包括位置和水平尺寸),但是由于存在噪声和环境遮挡,单帧激光雷达数据的信息量非常有限,通过对单帧数据的聚类分析来提取目标经常会发生虚警、漏报或不确定的情况,这时可以考虑利用与之对准的彩色图像信息。

由于彩色图像属于二维数据,而激光雷达数据可以转换到世界坐标,具有三维信息,所以从激光雷达数据点到彩色图像对应点的转换是不可逆的。也就是说,在激光雷达数据中选取某一扫描点 A,如果在相机的视角范围之内,就可以在彩色图像中找到其对应的点 A′,但是,在彩色图像中选取一点 B,就不能在激光雷达数据中找到它的对应点 B′。为建立彩色图像与激光雷达数据的映射关系,需两个步骤:

(1) 将激光雷达数据扫描点转换到世界坐标系;

(2) 利用公式(7.54)确定对应点在图像平面的坐标。

$$
\lambda \begin{bmatrix} u \\ v \\ 1 \end{bmatrix} = \overbrace{\begin{bmatrix} m_{11} & m_{12} & m_{13} & m_{14} \\ m_{21} & m_{22} & m_{23} & m_{24} \\ m_{31} & m_{32} & m_{33} & m_{34} \end{bmatrix}}^{\boldsymbol{P}} \begin{bmatrix} X \\ Y \\ Z \\ 1 \end{bmatrix} \tag{7.56}
$$

上式中,$[u, v, 1]^{\mathrm{T}}$ 是图像平面的齐次坐标,$[X, Y, Z, 1]^{\mathrm{T}}$ 是世界坐标系的齐次坐标,λ 是尺度因子,$\boldsymbol{P}$ 是透视投影矩阵。

参考文献

[1] Stauffer C, Tieu K. Automated multi-camera planar tracking correspondence modeling. Proceedings of Computer Vision and Pattern Recognition, I: 259 – 266, 2003.

[2] Senior A W, Hampapur A, Lu M. Acquiring Multi-Scale Images by Pan-Tilt-Zoom Control and Automatic Multi-Camera Calibration [M]. IEEE, 2005.

[3] Jiang K, Feng G, Li A, et al. Cooperative object tracking using dual-pan-tilt-zoom cameras based on planar ground assumption [J]. IET Computer Vision, 2015, 9(1):149 – 161.

[4] Badri J, Tilmant C, Lavest J M, et al. Camera-to-camera mapping for hybrid pan-tilt-zoom sensors calibration[M]. Image Analysis. SCIA 2007. Springer Berlin Heidelberg, 2007:132 – 141.

[5] Tavakoli M, Patel R V, Moallem M. A force reflective master-slave system for minimally invasive surgery [C]. Proceedings of 2003 IEEE/RSJ International Conference on Intelligent Robots and Systems. 2003, 4:3077 – 3082.

[6] Xue K, Liu, Y, Ogunmakin G, Chen J, Zhang J. Panoramic Gaussian mixture model and large-scale range background subtraction method for PTZ camera-based surveillance systems [J]. Mach. Vis. Appl., 2012, 11(4):1 – 16.

[7] Chen C H, Yao Y, Page D, Abidi B, Koschan A, Abidi M. Heterogeneous fusion of omnidirectional and PTZ cameras for multiple object tracking [J]. IEEE Trans. Circuits Syst. Video Technol. 2008, 18(8):1052 – 1063.

[8] Li A, Deng Z, Liu X, et al. A cooperative camera surveillance method based on the principle of coarse-fine coupling boresight adjustment [J]. Precision Engineering, 2020, 66(8).

[9] Assa A, Sharifi F J. Decentralized multi-camera fusion for robust and accurate pose estimation [C].

Advanced Intelligent Mechatronics (AIM), IEEE/ASME, 2013.

［10］解则晓,牟楠,迟书凯,等. 结构光内参数和机器人手眼关系的同时标定［J］. 激光与红外,2017,47(009):1142-1148.

［11］Ahmed M, Farag A. Nonmetric calibration of camera lens distortion: differential methods and robust estimation ［J］. IEEE Transactions on Image Processing, 2005,14(8):1215-1230.

［12］平乙杉,刘元坤. 基于单应性矩阵的线结构光系统简易标定方法［J］. 光电工程,2019,46(12):38-45.

［13］林嘉睿,孙佳蕾,张饶,等. 大尺度线结构激光面非参数模型标定方法［J］. 光学学报,2021:1-15.

［14］解则晓,陈文柱,迟书凯,等. 基于结构光视觉引导的工业机器人定位系统［J］. 光学学报,2016,36(10):400-407.

［15］Arun K S, Huang T S, Blostein S D. Least squares fitting of two 3-D point sets ［J］. IEEE Trans. Pattern Anal. Mach. Intell. 1987,(5):698-700.

［16］Du S, Yi H, Chen X, Xu B, Wang H. An absolute orientation realization method based on 3d real scene model ［J］. IOP Conference Series: Earth and Environmental Science, 2021,658(1).

［17］丁影,李浩,刘亚南,等. 平面约束的近景影像绝对定向方法及其精度［J］. 测绘科学,2020,45(03):74-80.

［18］Kanatani K. Analysis of 3-D rotation fitting ［J］. IEEE Trans. Pattern Anal. Mach. Intell. 1994,16,543-549.

［19］Kim E M, Hong S P. Comparison of Point-Based Algorithms for Absolute Orientation ［J］. Journal of Institute of Control,2019,25(10):929-935.

［20］付梦印,刘明阳. 视觉传感器与激光测距雷达空间对准方法［J］. 红外与激光工程,2009,38(01):74-78.

［21］Rong X, Chen Y, et al. Multilane-Road Target Tracking Using Radar and Image Sensors ［J］. IEEE Transactions on Aerospace and Electronic Systems, 2015.

［22］Botha F J, Daalen C, Treurnicht J. Data fusion of radar and stereo vision for detection and tracking of moving objects ［C］. 2016 PRASA-RobMech International Conference. IEEE.

［23］Yan J, Liu H, Pu W, et al. Benefit Analysis of Data Fusion for Target Tracking in Multiple Radar System ［J］. IEEE Sensors Journal, 2016,16(16):6359-6367.

［24］Zhen C, Liang Z, Sun K, et al. Extrinsic calibration of a camera and a laser range finder using point to line constraint ［J］. Procedia Engineering, 2012,29:4348-4352.

［25］Zhou C, He B, Zhang L, et al. An automatic calibration between an omni-directional camera and a laser range finder for dynamic scenes reconstruction ［C］ Proceedings of IEEE International Conference on Robotics and Biomimetics (ROBIO), 2016:1528-1534.

［26］Farahi F, Yazdi H S. Probabilistic Kalman filter for moving object tracking ［J］. Signal Processing: Image Communication, 2019,21(11):145-152.

［27］Hu Z, Zhang J, Guo Z. Multi-sensor ensemble Kalman filtering algorithm based on observation fuzzy support degree fusion. ［J］. Optik, 2016,127(20):8520-8529.

［28］Rawat S. Multi-sensor data fusion by a hybrid methodology — A comparative study ［J］. Computers in Industry, 2017,75:27-34.

［29］Banik P. Vision and Radar Fusion for Identification of Vehicles in Traffic ［D］. United States: Virginia Polytechnic Institute, 2015.

［30］Zhang X, Zhou M, Qiu P, et al. Radar and vision fusion for the real-time obstacle detection and identification ［J］. Industrial Robot, 2019,46(3):391-395.

第 8 章

应 用 案 例

在前述章节基础上,本章介绍了机器人视觉导引技术在几种典型场景的应用案例,包括基于双目视觉三维测量的机器人导引定位和铜管抓取、基于大范围双目视觉三维重建的机器人目标位姿估计和定位抓取、基于机器视觉与深度学习的烟盒包装质量检测;分析了不同应用场景下机器人视觉导引技术的功能需求,阐明了面向目标抓取或质量检测任务的机器人视觉导引技术方案,解释了机器人视觉导引过程的图像/点云处理、三维信息提取、网络参数训练等具体实施方法,可为机器人视觉导引技术在相关领域的拓展应用提供参考或借鉴。

8.1 基于双目视觉三维测量的机器人目标抓取

机器视觉在智能制造带来的产业变革中承担着重要的支撑作用,其中极具代表性的应用场景就是利用机器人在视觉导引下完成自主定位与目标抓取任务。如图 8.1 所示,在国内某大型制造企业的生产车间内,铜管件经过前期工序处理之后,盘卷在直径 2~3 m 高度 1.5 m 的环形料框内,再通过顶部的吊运机构输送至指定的工作区域。为了保证后续工序的顺利运行,传统的解决方案是由熟练的操作人员从料框内手动抓取铜管端部,将其插入对应的自动化加工装置。这种方案存在耗费人力资源、降低工作节拍等缺点,针对此类问题本案例提出基于双目视觉的机器人眼看手定位导引和目标抓取方案,以满足实际应用场景的需求。

由于盘卷铜管所在料框的直径范围较大,双目视觉系统采用眼看手布置形式以提供足够的成像视场,保证能从合适距离处完整地观察铜管端部位置。

（a）经过前期工序的产品 　　　　　　　（b）到达下一工序的产品

图 8.1　盘卷铜管定位抓取应用场景

图 8.2 展示了利用双目视觉引导机器人定位抓取铜管的硬件配置和软件架构，具体实施流程分为系统标定、目标定位和导引控制三个阶段。在系统标定阶段，先通过 3.1 节和 3.2 节所述方法标定左右相机各自的内部参数及相互的外部参数，再通过 3.4 节所述方法获取双目视觉坐标系与机器人坐标系之间的转换矩阵。在目标定位阶段，利用图像处理算法从左右相机图像中提取铜管端部区域，同时结合三角测量原理恢复铜管端部的空间位置姿态信息。在导引控制阶段，根据预先标定的手眼关系将双目视觉测量信息转换到机器人坐标系，通过机器人控制系统解算各个关节角度并调整末端执行机构在目标位置完成抓取任务。

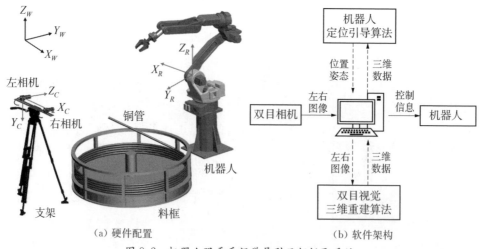

（a）硬件配置 　　　　　　　　　　（b）软件架构

图 8.2　机器人眼看手视觉导引目标抓取系统

针对目标定位阶段面临的铜管端部区域图像提取问题,可以采用 5.1.1 节的背景差分方法实现前景区域与背景区域的分离,再结合形态学处理和团块特性分析等方法提取铜管端部的轮廓位置。图 8.3 给出了左右两台灰度相机采集的图像分别经过背景差分、阈值分割、形态学处理以及轮廓提取等步骤的处理流程。虽然图像处理过程受到光照条件不均匀的影响,但是最终提取的目标轮廓仍能很好地描述铜管端部在左右图像内的位置分布。

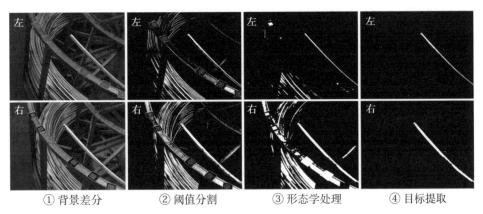

① 背景差分　　② 阈值分割　　③ 形态学处理　　④ 目标提取

图 8.3　结合背景差分方法从左右图像提取铜管轮廓的主要流程

利用铜管直径固定的结构特点,可将铜管端部轮廓图像简化为线性特征,故通过多项式拟合方法得到左右图像内的轮廓拟合曲线,如图 8.4(a)和(b)所

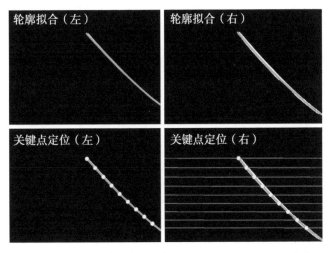

图 8.4　从左右图像得到轮廓拟合曲线和关键点匹配关系

示。在此基础上,将左图像所含轮廓拟合曲线离散化为一系列关键点,再根据左右图像之间的极线几何约束关系,得到右图像所含轮廓拟合曲线上对应的一系列关键点,如图8.4(c)和(d)所示。

结合双目视觉三角测量原理,从左右图像中一系列关键点的像素坐标解算其对应空间点的三维坐标,通过空间曲线拟合方法即可重建铜管端部的中心轴线,再结合铜管直径参数确定铜管端部在双目视觉坐标系下的空间位姿,该位姿信息可以根据机器人手眼关系转换至机器人坐标系,如图8.5所示。机器人控制系统针对给定的目标位姿信息,通过2.3节介绍的机器人运动学理论计算各个关节的调整角度,从而控制机器人末端夹具以合适的姿态到达铜管抓取位置。

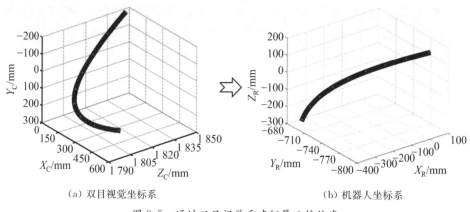

(a) 双目视觉坐标系　　　　　　　　　　　　　(b) 机器人坐标系

图 8.5　通过双目视觉重建铜管三维位姿

8.2　基于三维视觉点云重建的机器人视觉导引

针对传统机器人视觉导引系统在复杂作业场景下难以兼顾视野范围和定位精度的问题,本案例提出大范围双目视觉三维重建系统及机器人视觉导引方法。该系统由两台相机组成,每台相机均能通过各自的转动机构调整成像视角,通过两台相机分别采集目标场景的区域图像,结合分区点云生成和拼接方法实现大范围三维场景重建,根据感兴趣目标的位置及姿态信息引导机器人进行定位抓取作业。如图8.6所示,本节介绍的机器人视觉导引方法包含4个阶段:系统参数标定、立体图像匹配、三维点云获取、目标位姿估计。

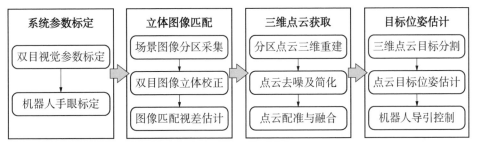

图 8.6　大范围双目视觉三维重建方法与机器人导引流程

（1）**系统参数标定**：包括双目标定和手眼标定。双目标定的任务是对左右两台相机的内外参数进行标定；手眼标定的任务是获取"眼看手"视觉系统架构下相机坐标系与机器人基坐标系的转换矩阵。具体方法已在第 3 章详细阐述。

（2）**立体图像匹配**：包括图像采集、立体校正和视差估计。根据目标场景的尺度范围，合理规划双目视觉系统分区成像路径；通过转动机构同步调整左右两台相机的成像视角，依次获取各个区域的立体图像对；结合第 4 章所述方法，建立分区图像对的立体匹配关系，并产生相应的视差估计图。

（3）**三维点云获取**：利用双目视觉三维重建原理，从各个分区图像对恢复原始的三维点云；结合直通滤波、颜色滤波、统计滤波等策略，剔除各个分区点云的噪点；通过体素滤波方法产生降采样分区点云，结合重叠区域定位策略进行分区点云逐对配准，利用相邻点云刚性变换关系拼接得到大视场三维点云。

（4）**目标位姿估计**：采用欧式聚类方法，将大视场拼接点云分割为多个实体，结合三维点云识别算法提取目标所属实体点云；从目标点云计算目标质心位置，同时通过主成分分析方法提取目标点云主方向，按照规定的基坐标顺序排列 3 个特征向量，根据最终的目标位姿信息引导机器人执行定位抓取作业。

为了验证大范围双目视觉三维重建系统在机器人导引领域的优越性，按照图 8.6 所述流程开展系统实验。在双目标定阶段，将标定板放置在双目视觉系统的共同视场内，利用两台相机在初始位姿下同步采集不同位姿的标定板图像，如图 8.7 所示。在手眼标定阶段，通过机器人末端夹持标定板，控制机器人调整到不同位姿，同时利用两台相机记录标定板图像，如图 8.8 所示。双目视觉外部参数和机器人手眼参数的标定结果见表 8.1。

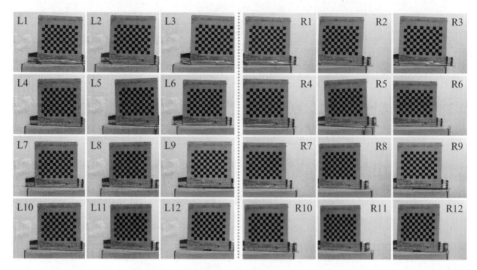

图 8.7 双目视觉内外参数标定图像

图 8.8 机器人手眼参数标定图像

表 8.1 机器人视觉导引系统标定参数

双目视觉系统外部转换参数		机器人手眼关系变换参数	
旋转矩阵	平移向量	旋转矩阵	平移向量
$\begin{bmatrix} 0.99999 & -0.00037 & -0.00124 \\ 0.00037 & 0.99999 & 0.00038 \\ 0.00124 & -0.00038 & 0.99999 \end{bmatrix}$	$\begin{bmatrix} -73.713 \\ 0.510 \\ 1.732 \end{bmatrix}$	$\begin{bmatrix} -0.9992 & 0.0248 & 0.0313 \\ -0.0311 & 0.0084 & -0.9995 \\ -0.0251 & -0.9996 & -0.008 \end{bmatrix}$	$\begin{bmatrix} 608.91 \\ 1338.54 \\ 322.09 \end{bmatrix}$

通过转动机构分别调整两台相机的成像视角,在 4 种视角下依次采集目标场景不同区域的图像对。如图 8.9 所示,两台相机在相同成像视角下采集的图像也存在较大的公共视场,以便进行分区三维重建;每台相机捕获的 4 个视角均存在一定程度的重叠区域,以便进行多视角三维点云配准。

图 8.9　两台相机分别在 4 种成像视角下同步采集的区域图像

　　根据表 8.1 给出的双目视觉系统参数,针对图 8.9 所示的 4 对分区采集图像进行立体校正,再结合立体匹配算法生成不同区域的视差估计图;根据两台相机对应转动机构的姿态角度,建立不同成像视角之间的转换关系,得到相邻视差图之间的重叠区域定位关系,如图 8.10 所示。

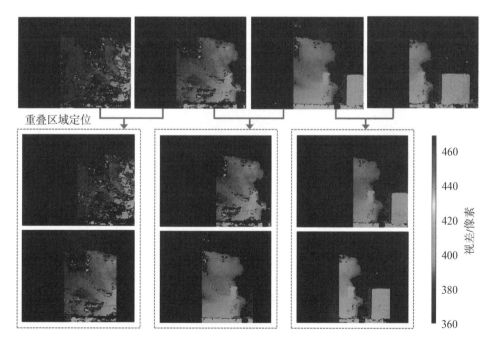

图 8.10　多视角立体图像视差估计,其中第一行为 4 对分区图像产生的原始视差图,第二行为相邻视差图之间的重叠区域定位结果(参见彩图附图 4)

　　利用双目视觉三角测量原理,从每个区域的原始视差图重建三维点云。如图 8.11 所示,每组点云反映目标场景内不同区域的情况,均能较好地呈现其中的目标轮廓和形貌。结合图 8.10 得到的重叠区域定位关系,确定相邻区域之间的点云重叠关系;针对相邻区域的重叠部分点云进行去噪和简化处理,再结合 ICP 算法得到相邻区域的点云转换关系。图 8.12 给出了采用 ICP 算法

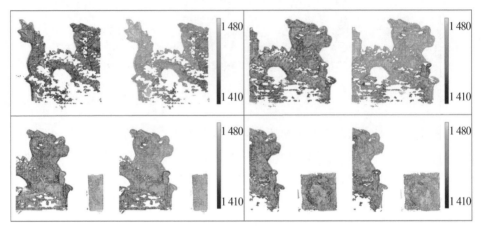

图 8.11　从 4 对分区图像的视差估计图重建得到的原始点云(参见彩图附图 5)

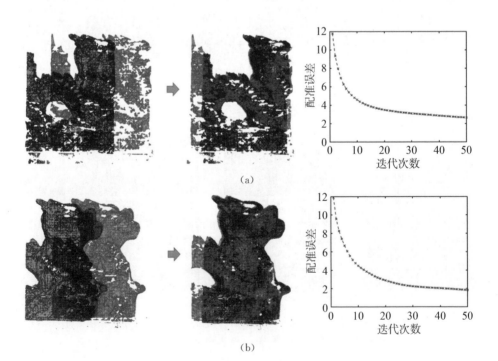

(a)

(b)

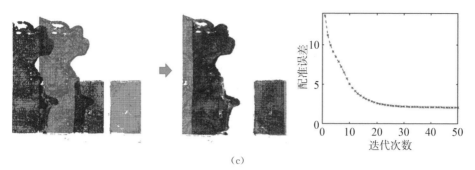

(c)

图 8.12 相邻点云配准过程,左侧:红色为源点云,蓝色为目标点云;右侧:相邻点云的
配准误差随迭代次数的变化关系(参见彩图附图 6)

对每组相邻区域的点云进行配准的过程,以及相邻点云的平均配准误差随迭代次数的变换关系。可以看到,在重叠区域定位约束下进行相邻点云配准能够保证很好的精度,且均能在迭代次数较少的情况下达到收敛条件。

根据图 8.12 中相邻区域重叠点云配准得到的坐标转换矩阵,将图 8.11 所示的 4 组原始点云依次转换到统一的坐标系,通过多视角点云拼接融合得到最终点云。由多组分区点云组成的最终点云能够完整地呈现场景内不同目标的位置分布和几何形貌,为机器人提供更为丰富的感知信息。为了准确提取感兴趣目标的位姿参数,先对完整的场景点云进行体素滤波处理,提升点云密度分布的均匀性,再采用欧氏聚类策略对场景点云进行实体分割,结果如图 8.13 所示。

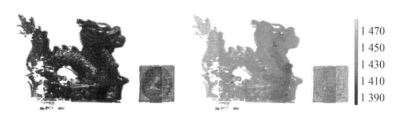

(a) 最终配准点云

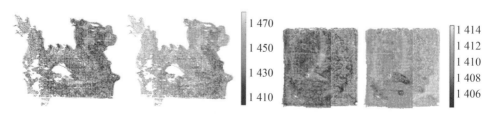

(b) 目标分割点云   (c) 目标分割点云

图 8.13 多视角点云配准与分割(参见彩图附图 7)

针对感兴趣目标的实体分割点云进行质心提取和主成分分析,获取目标在视觉系统坐标系的位姿参数,结合机器人手眼关系转换到机器人基坐标系,最终引导机器人到达目标位置执行抓取任务。比较准确定位的目标位姿矩阵与实际测量的目标位姿矩阵,通过旋转矩阵基向量之间的夹角计算旋转误差,通过平移向量之间的欧氏距离计算平移误差。表8.2给出了多种目标位姿下,大范围双目视觉三维重建系统在机器人导引过程的旋转定位误差和平移定位误差。可以看到,三维方向的旋转定位误差均控制在8°以内,而三维方向的平移定位误差均控制在8 mm 以内,表明该系统适用于作业场景尺度及容许抓取空间较大的应用场合,足以保证机器人完成稳定可靠的定位抓取任务。为了进一步提升机器人视觉导引精度,一方面需要建立相机、转动机构和机器人等部分的参数标定与误差补偿方法,另一方面还应优化多视角三维点云配准与目标位姿估计算法。

表 8.2　机器人视觉导引定位误差

序号	旋转误差/(°)			平移误差/mm		
	绕 X 轴	绕 Y 轴	绕 Z 轴	沿 X 轴	沿 Y 轴	沿 Z 轴
1	2.66	5.01	5.01	3.38	2.88	−2.29
2	7.65	4.81	7.85	0.65	0.79	−0.65
3	5.26	6.69	6.06	0.70	3.42	−6.17
4	3.77	6.72	6.46	1.92	7.14	−2.43
5	2.47	6.46	6.91	0.96	−0.28	−4.18

8.3　基于深度学习目标分类的机器人视觉导引

机器人视觉导引技术是解决高重复性、高自动化作业需求的有效途径,因而在产品质量检测方面具有重要的应用价值。以烟盒包装质量检测为例,典型的烟包缺陷类别包括:包装破损、翘边、翻盖、露白、反包、错位、封签偏移/叠角/缺失、底边未折角、印刷未上色、翻包/翻盖缝隙过大、小包变形等。传统的人工抽检方法无法全面反映包装过程的问题,在包装设备发生故障而导致连续缺陷产品时不能及时响应,事后还要耗费大量人力物力进行仓库检查。因此,越来越多的烟草企业开始寻求机器视觉方法来解决烟盒包装质量检测问题。

本案例旨在开发一种自动化、智能化烟盒包装质量检测装备和方法,其基本组成和工作流程如图 8.14 所示。该质量检测装备包括机器人、3 台相机以及光电传感器。流水线上待检产品经过检测工位时会触发光电传感器信号,控制不同拍摄视角的相机采集烟盒包装的外观图像;每组图像输入深度学习缺陷检测网络,判别烟盒包装是否存在缺陷问题;若当前检测产品含有缺陷,主控计算机立即控制分拣机器人剔除缺陷品,从而保证整条流水线上的产品质量。相比于传统的烟盒包装质量检测方法,上述机器视觉方案在自动化、准确率、可靠性等方面均有独特的优势,可为烟草行业的创新发展提供重要的技术方向。

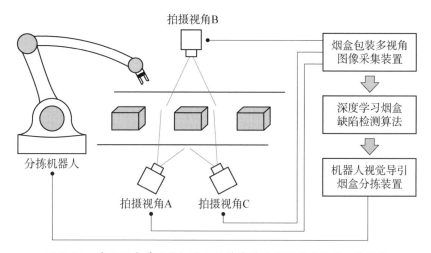

图 8.14 基于深度学习的机器人视觉导引质量检测系统及工作流程

深度学习烟盒缺陷智能检测算法采用迁移学习策略,其基本思想是利用已经解决问题的策略应对其他类似的问题,在 AlexNet 网络模型结构的基础上,通过修改分类层(即最后一层连接层及 softmax 层),构造适用于烟盒缺陷检测任务的网络结构,使其能够针对具体应用需求输出缺陷品或合格品的检测结果。为了保证该网络针对烟盒缺陷检测任务的性能表现,采用国内某大型烟草企业提供的 5 000 余幅烟盒包装图像作为数据集,所有图像均按合格品或缺陷品进行分类标注。图 8.15 展示了来自该数据集的若干缺陷品图像和合格品图像。

图 8.15　烟盒包装质量检测数据集示例，前两行是存在破损或开口的缺陷
品图像，第三行是合格品图像（参见彩图附图 8）

　　在进行网络训练之前，按照一定比例划分训练数据集和验证数据集。输入到卷积神经网络进行训练的图像需要经过批量预处理，保证图像输入满足 AlexNet 卷积神经网络的要求，其图像尺寸调整为 $227 \times 227 \times 3$。将训练学习率设为 0.01，选择随机梯度下降算法 SGD，训练轮次设为 30，如图 8.16 所示。为了充分提升效率，可以在配有 GPU 的计算机上进行网络训练。

轮	迭代	经过的时间 （hh:mm:ss）	小批量准确度	小批量损失	基础学习率
1	1	00:00:25	18.75%	3.4715	0.0010
2	50	00:01:41	93.75%	0.2142	0.0010
4	100	00:03:01	96.88%	0.1031	0.0010
5	150	00:04:24	96.88%	0.1317	0.0010
7	200	00:05:48	99.22%	0.0190	0.0010
9	250	00:07:11	98.44%	0.0547	0.0010
10	300	00:08:34	99.22%	0.0389	0.0010
12	350	00:09:59	100.00%	0.0093	0.0010
13	400	00:11:28	96.88%	0.0566	0.0010
15	450	00:12:57	100.00%	0.0073	0.0010
17	500	00:14:26	99.22%	0.0137	0.0010
18	550	00:15:53	100.00%	0.0014	0.0010
20	600	00:17:22	99.22%	0.0199	0.0010
21	650	00:18:48	99.22%	0.0472	0.0010
23	700	00:20:16	100.00%	0.0018	0.0010
25	750	00:21:44	100.00%	0.0202	0.0010
26	800	00:23:11	99.22%	0.0084	0.0010
28	850	00:24:40	99.22%	0.0293	0.0010
30	900	00:26:07	100.00%	0.0012	0.0010
30	930	00:27:00	100.00%	0.0005	0.0010

图 8.16　卷积神经网络训练过程

在卷积神经网络训练过程中,可以实时监测小批量准确度及小批量损失这两个关键性能指标,绘制图 8.17 所示的曲线图。从图中可知,经过训练的网络可以得到不断收敛的小批量准确度和小批量损失,最终的小批量准确度趋近于 100%,小批量损失趋近于 0,证明网络训练效果非常理想。

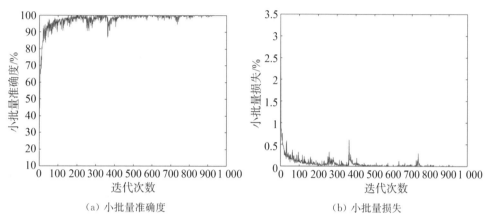

(a) 小批量准确度　　　　　　　　(b) 小批量损失

图 8.17　网络训练过程的性能指标

本次训练采用的数据集总共包含 5 058 幅烟盒包装图像,从中选取 80% 作为训练集,20% 作为测试集。利用训练完成的卷积神经网络,对测试集的 1 012 幅图像进行缺陷检测,经过标签比对得到准确率为 99.8%。如图 8.18 所示,网络从 3 种成像视角下拍摄的缺陷品及合格品图像提取的分类结果,与真实分

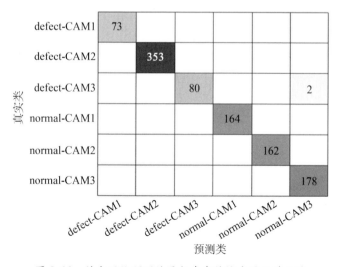

图 8.18　结合网络预测结果与真实值输出的混淆矩阵

类呈现很好的一致性,表明该网络能够保证烟盒质量检测的准确性和可靠性。

　　对测试集的1012幅图像进行缺陷检测总计用时11.9秒,表明网络的检测速度可以达到每秒90帧以上,满足流水线产品质量检测的高节拍要求。根据网络训练得到的权重参数,在主控计算机上部署深度学习算法;结合多相机图像采集和机器人导引控制等模块,形成完整的烟盒包装质量检测技术方案。

彩色插图

 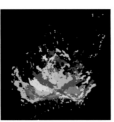 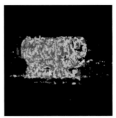 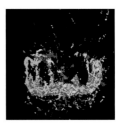

（a）配准前的主视图　　（b）配准前的俯视图　　（c）配准后的主视图　　（d）配准后的俯视图

附图 1　多视角三维点云配准

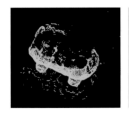 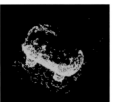  

（a）点云降采样　　　　（b）点云平滑　　　　　（c）三角剖分　　　　　（d）点云分割

附图 2　点云优化处理效果

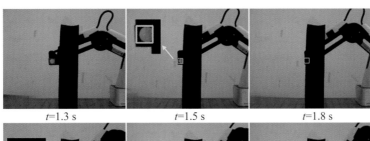

附图 3　跟踪滤波算法处理后的视频图像帧

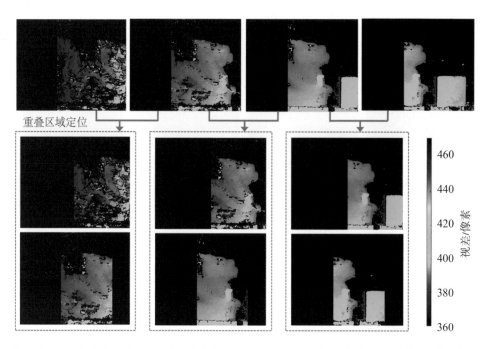

附图 4 多视角立体图像视差估计,其中第一行为 4 对分区图像产生的原始视差图,第二行为
相邻视差图之间的重叠区域定位结果

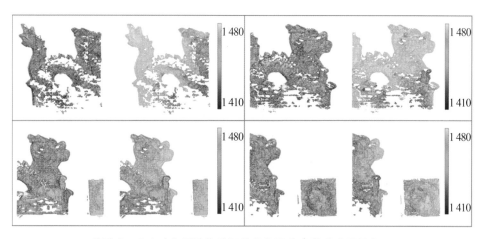

附图 5 从 4 对分区图像的视差估计图重建得到的原始点云

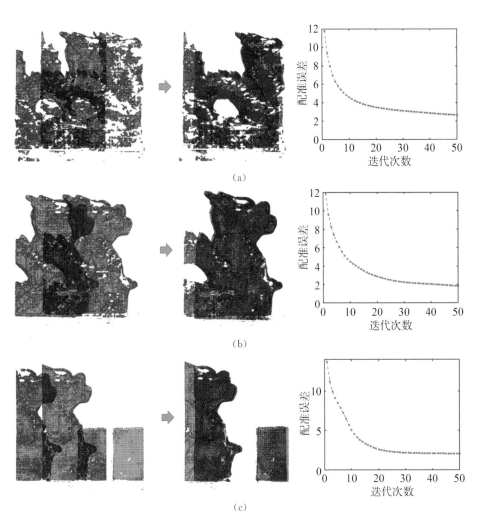

附图 6　相邻点云配准过程，左侧：红色为源点云，蓝色为目标点云；右侧：相邻点云的
　　　　配准误差随迭代次数的变化关系

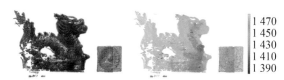

（a）最终配准点云

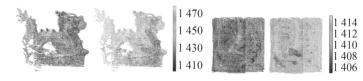

（b）目标分割点云　　　　　　　　　　　　（c）目标分割点云

附图 7　多视角点云配准与分割

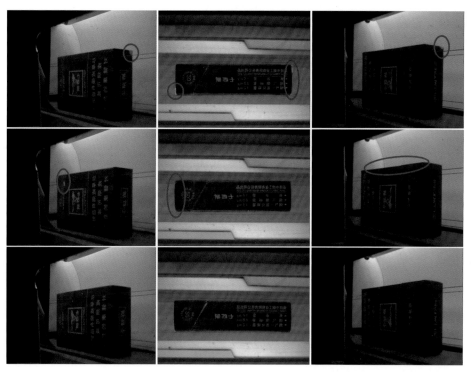

附图 8　烟盒包装质量检测数据集示例，前两行是存在破损或开口的缺陷品图像，第三行是合格品图像